CMP BOOKS
机工通信

"十四五"时期国家重
工业人工智
U0566887

智能内生优化

通信网络优化的智能化演进

郭宝　高峰　编著

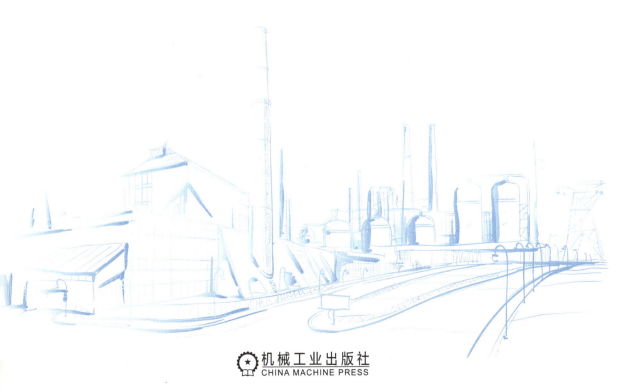

机械工业出版社
CHINA MACHINE PRESS

本书全面深入地探讨了通信网络的智能化优化，重点关注了人工智能等技术在通信网络规划、覆盖性能优化、容量性能提升、干扰管理、参数管理以及网络运营等多个方面的应用与实践。本书是一本系统而全面的通信网络智能化优化指南，通过阅读本书，读者将能够深入了解通信网络智能化优化的最新技术与实践，掌握通信网络智能化优化的关键技术和方法，提升通信网络性能和运营效率。

本书适合通信网络规划、设计、运营和维护等领域的从业人员阅读，也可供相关领域的研究人员阅读参考。

图书在版编目（CIP）数据

智能内生优化：通信网络优化的智能化演进 / 郭宝，
高峰编著 . -- 北京：机械工业出版社，2025. 6.
（工业人工智能前沿技术与创新应用丛书）. -- ISBN 978-
7-111-78697-9

Ⅰ. TN915

中国国家版本馆 CIP 数据核字第 2025DN1087 号

机械工业出版社（北京市百万庄大街 22 号　邮政编码 100037）
策划编辑：李馨馨　　　　　　　　责任编辑：李馨馨　秦　菲
责任校对：颜梦璐　王小童　景　飞　责任印制：任维东
北京科信印刷有限公司印刷
2025 年 8 月第 1 版第 1 次印刷
184mm×260mm・10.25 印张・251 千字
标准书号：ISBN 978-7-111-78697-9
定价：69.00 元

电话服务　　　　　　　　　网络服务
客服电话：010-88361066　　机　工　官　网：www.cmpbook.com
　　　　　010-88379833　　机　工　官　博：weibo.com/cmp1952
　　　　　010-68326294　　金　书　网：www.golden-book.com
封底无防伪标均为盗版　机工教育服务网：www.cmpedu.com

前 言 Preface

随着全球 5G 用户数量突破 15 亿大关（GSMA 2024 数据），超高清视频、工业互联网、元宇宙等新兴业态正以前所未有的速度重塑数字社会。然而，传统 5G 网络在智能自治、能效优化与多业务协同等方面逐渐显露出瓶颈——据工业和信息化部实测，特定场景下网络故障定位耗时仍超 30min，能耗成本占运营商 OPEX 比例高达 23%。在这场以智能化为焦点的通信革命中，5G-Advanced（5G-A）正通过 AI 与通信技术的基因级融合，开启网络自智化演进的新纪元。

当通信网络从铜缆时代的涓涓细流，演进至 5G/6G 的澎湃江海，一场静默却深刻的革命正在网络优化的底层逻辑中发生。据工业和信息化部统计，2023 年中国 5G 基站总数突破 300 万，但与之相伴的是运维成本年均增长 19%，人工调参响应时长仍高达数小时——这揭示了一个悖论：传统基于规则与专家经验的网络优化体系，在超大规模、超异构、超动态的现代通信场景中，正成为数字洪流的短板。

本书以"三层重构"为主线，系统性解构通信网络智能化演进路径：在基础层，传统网络优化方法使用 AI 算法实现数据梳理、分析效率的质变提升；在数据层，AI 原生设计使 AI 运算无须外挂式数据采集、数据分析，通过网络架构内置的智能单板实现智能分析；在服务层，通感算一体化技术接近香农极限，支撑低空物流、无源物联等千亿级连接场景。

本书聚焦通信网络优化从"外挂式 AI 工具"到"内生式智能协议"的范式跃迁，系统解构其演进路径。

1）规则驱动时代（1G ~ 4G）：依赖专家经验库与静态门限策略，犹如"钟表匠"般精密却脆弱。某省级运营商数据显示，4G 时代单基站日均需处理 367 条告警，人工规则匹配准确率不足 58%。

2）数据驱动转型（5G 初期）：引入大数据分析，实现 KPI 异常关联分析，但模型迭代滞后于网络变化。典型场景中，Massive MIMO 波束优化时延仍超 15min，难以应对突发流量冲击。

3）AI 原生阶段（5G-Advanced/6G）：协议栈深度植入轻量化 AI 内核，某实验网验证，基于深度强化学习的无线资源调度算法，使频谱效率提升 41%，时延方差下降至微秒级。

这场演进不仅是工具和算法的升级，更是通信网络的自主升级迭代。当基站学会"呼吸"（动态能耗调节）、核心网具备"免疫记忆"（攻击自愈）、光网络实现"神经突触可塑性"（拓扑自优化），香农定理与深度学习定律正在深度融合，催生出通信史上的新物种。期待本书能为产业界厘清技术脉络，共同推动通信网络从"管道"向"智能体"的跨越式进化。

编 者

目 录 Contents

第 1 章
通信网络智能化演进的技术路线

1.1 概述

移动通信网络从 2G 演进至 5G，经历了频谱重耕、设备迭代后，网络规模已变得非常庞大，移动通信网络不仅承载着海量的数据信息，其运行维护与优化也产生了巨量的性能统计数据，传统的通过人工的网络运行维护与优化方式已经不能满足及时高效的要求，需要向智能化演进。

通信网络智能化演进初期可称为是外挂式的人工智能（Artificial Intelligence，AI）。一般来说，由通信网络设备厂商提供的操作维护中心（Operate and Maintenance Centre，OMC）采集运行维护关注的性能统计数据，再由多个 OMC 或不同设备厂家的 OMC 向上汇总到网络优化平台，由网络优化平台对数据进行智能化分析整理。

但是，目前移动通信网络数据尚未得到充分而有效的挖掘、流转、交易和利用。由于缺乏统一、标准化的采集和处理流程，导致数据源多，数据的完整性、可信性和关联性不足，数据孤岛现象明显，数据质量整体不高，使用效率和应用价值不高。传统的 AI 训练模式是将数据收集后带入计算，这就导致涉及海量数据的 AI 训练任务时，数据传输和计算的能源开销巨大，而其中数据迁移的能源消耗甚至可能超过计算本身。

随着 5G-A 网络终端的广泛应用，海量的数据将不断涌现，如果依然采取传统的 AI 训练模式，将会加剧运算、存储的能耗。因此，AI 运算需要从外挂式向内生式转变，移动通信网络需要与人工智能深度融合，智能内生（Native Artificial Intelligence）将成为未来移动通信网络的核心方向。

在移动通信网络演进过程中，有一些优化经验已被融入网络运行策略中。以切换算法的控制为例，最初的切换算法只是为了满足移动性的要求，后来逐步参考了用户感知、业务形态、使用场景等多个因素，切换策略相应增加了较多的判决条件。由于基站的算力限制，切换策略的判决条件不能设计得过于复杂，只是类似于与非门的简单组合，并不符合智能内生的网络架构要求。5G-A 网络环境下，基站算力得到提升，可以将一部分计算任务下沉至基站，由基站来执行较为复杂、时效性要求高的业务策略。比如在 NR TDD 网络中应对"网红直播"大带宽上行业务会出现资源受限、上行时延增加的问题，通过智能内生的架构，可以在基站侧实现业务识别、用户归类、分级调度等运行策略，从而有效提升用户使用感知。

从智能化技术赋能移动通信网络的角度来看，未来的移动通信网络将基于智能内生来优化网络性能，增强用户体验，实现网络智能自治。借助智能技术在感知、预测、优化和决策的优势，支撑网络的海量数据处理和零延迟的智能控制。智能技术将助力网络的自动化运维，实现网络的自学习、自运行和自维护，推动通信网络自智化运行。

1.2 5G-A 关键技术

2021 年 4 月，3GPP 第 46 次 PCG（Project Cooperation Group，项目合作组）会议上正式将 5G 演进技术正式被命名为 5G-Advanced（5G-A），标志着全球 5G 技术和标准的发展进入新阶段。除了 5G 原有的移动带宽增强、超高可靠性、超低时延、海量机器类通信能力外，5G-A 将向垂直行业更深领域扩展，加强智能运维领域探索，从支撑万物互联到使能万物智联，为社会发展、行业升级创造价值。

5G-A 重点技术方向涵盖了网络智能化、可重配智能超表面、多载波增强、灵活双工、非地面网络（Non-Terrestrial Network，NTN）、空天一体、通感一体、RedCap、用户为中心网络等多个方面。在架构增强上，5G-A 包括了 UPF（User Plane Function，用户面功能）服务化、大规模 MIMO（Multiple Input Mutiple Output，多入多出）、无线 AI 等技术；eMBB 增强则包括三载波聚合、动态频谱共享（Dynamic Spectrum Sharing，DSS）、全双工、移动性增强、自组网 / 自优化等；覆盖增强方面有 NTN、IoT、网络控制的中继 NCR 等技术；垂直行业应用包括 SideLink、SideLink Relay、RAN Slicing、定位等；绿色低碳方面则有 RedCap 技术；新技术、新业务方面包括 XR、AI-RAN、无源物联网（Passive IoT）等。

其中，5G-A 通感一体技术、智能超表面技术分别在第 7 章、第 8 章详细阐述；本章主要介绍目前 5G-A 高度关注并尝试规模应用的几个关键技术。

1.2.1 非地面网络

非地面网络通信是一种利用在 8 ~ 50km 高度运行的无人驾驶飞机系统（Unmanned Aircraft System，UAS）网络或网络段，包括高空平台系统（High Altitude Platform System，HAPS）或不同星座中的卫星来运载传输设备中继节点或基站的技术。非地面网络通常包括以下四种轨道类型。

- LEO（低地球轨道）：通常为高度 500 ~ 2000km 的圆形轨道（延迟更低、链路预算更好，但需要更多卫星才能覆盖）。
- MEO（中地球轨道）：通常为高度 8000 ~ 20000km 的圆形轨道。
- GEO（地球静止轨道）：距地球赤道 35786km 的圆形轨道（由于引力的作用，GEO 卫星仍在其标称轨道位置周围几公里范围内移动）。
- HEO（高椭圆轨道）：围绕地球的椭圆形轨道。

1. 频轨资源

频轨资源本着"先占先得"的原则在全球范围内竞争，频轨资源由国际电信联盟（International Telecommunication Union，ITU）统一管理，并要求在申报成功后 7 ~ 14 年内陆续完成发射。目前美国 Starlink 已构建起全球最大的商用星座，AST、Lynk 等新兴卫星公司正在积极布局，欧洲的 Oneweb 公司已启动卫星组网，中国则成立了星网公司，目前尚无规模组网星座。

基于天地一体的卫星联网是国家信息安全的重要基础设施。星链全球覆盖使国内手机可能绕开国家监管，与境外直接进行数据交互，开展意识形态宣传和网络攻击活动，对我国信息数据安全构成挑战。通过自建我国卫星网络，有利于减少国内手机使用国外卫星的机会，形成对抗手段和加强信息管控能力。

卫星通信频谱资源是卫星通信发展的关键因素，传统的静止轨道卫星通信一般通过空间隔离实现频率资源的共享。随着中轨、低轨星座的规划与建设，非对地静止卫星星座之间，以及与静止轨道卫星之间的频率共享需求变得非常迫切。

卫星通信使用的频段涵盖 L、S、C、X、Ku、K、Ka 等。根据 IEEE 521—2002 标准，各频段频率范围如下。

- L 频段：频率范围为 1 ～ 2GHz。
- C 频段：频率范围为 3.7 ～ 4.2GHz。
- Ku 频段：即 K-under，是指频率低于 K 频段的频段，频率范围为 12 ～ 18GHz。
- Ka 频段：即 K-above，是指 K 频段以上的频段，频率范围在 26.5 ～ 40GHz。

具体来说，L 频段由于其较低的频率，可以穿透更多的障碍物，因此在地面无线通信和室内定位系统中有更广泛的应用。C 频段则因其较高的频率和较宽的可用频带，被广泛应用于移动通信系统中。

Ku 频段的下行频率范围为 10.7 ～ 12.75GHz，上行频率范围为 12.75 ～ 18.1GHz。这一频段主要用于卫星通信，尤其是编辑和广播卫星电视。Ku 频段具有高频率和高增益的特点，这使得天线尺寸较小，便于安装，从而可以有效地降低接收成本并方便个体接收。此外，Ku 频段相对于地面干扰的影响较小，特别适合用于动中通、静中通等移动应急通信业务。

C 和 Ku 频段的频率工作范围相对有限，且目前赤道上空有限的地球同步卫星轨位几乎已被各国占满，C 和 Ku 频段的卫星轨位十分紧张，这两个频段内的频率也被大量使用。

相对于 C、Ku 等传统频段，Ka 频段的可用频率资源最为丰富，高达 3.5GHz，可为卫星通信的宽带化提供广阔的拓展空间。同时，Ka 频段远离地面通信系统所在的频率范围，具有天然的高抗干扰性能。

2. 星地融合

卫星通信与地面通信网络从最初竞争的关系发展至今，星地融合已成为地面 5G 网络的未来趋势。星地频率共享技术面向星地统一频谱接入，使用隔离技术、频率复用、干扰协同技术，实现卫星通信与地面通信的融合组网，即空天地一体化。

星地融合的关键技术是动态频谱共享技术，基于动态频谱共享，实现频域、时域、功率域协同，在同一频段上按需灵活动态地分配频谱资源，达到动态频谱共享协同组网。

不同于星地频率隔离方式，未来的空天地一体网络使用同一频段，通过静态 / 动态频率规划、认知无线电等技术消除星地同频干扰，提升系统容量。

认知无线电技术是指在地面通信、卫星通信中自动感知所处的频谱环境，发现频谱空洞，基于动态频谱分配技术使得多个不同的系统、用户共享同一段频谱资源，提高频谱使用效率。

在 5G 及未来网络中，卫星通信作为地面通信的延伸和补充，可以满足海洋、偏远地区等大部分地区的通信需求，两者组建的空天地一体化系统能够实现无线移动通信的无缝覆盖，已成为未来移动通信的发展趋势。空天地一体化的融合频谱共享技术包括星地频谱共享、星地频谱感知、同覆盖与不同覆盖时的动态频谱共享管理与分配、频谱切换及接入控制、干扰协同管理等。

3. 业务能力

由于终端与卫星距离远、时延大，NTN 需要考虑时频同步增强、时序关系增强、Harq 增强等技术，目前，NTN-NR 网络能够满足 LEO-600km VoIP（如 4.75kbit/s）及小速率业务能力，比如 3kbit/s；NTN-IoT 则能够满足 GEO-36000km 短报文及小速率业务。

地面通信与卫星通信融合过程中，卫星移动速度快（7.56km/s），多普勒频移大，单星覆盖时间短，500km 高轨道平均覆盖时间不到 400s。此外，还存在同一个基站和多个卫星通信、同一个卫星和多个基站通信的情况。3GPP R17 版本中定义 NTN 空闲态、连接态移动性增强技术，结合星历信息，实现基于时间和位置的小区重选与切换；同时，终端实现 TA 预补偿。

5G 终端手机直连卫星已成为产业热点。北斗短报文业务通过支持短报文的终端可以在无网络覆盖的区域通过直连卫星的方式将短消息发送到任何一台在网终端上。北斗短报文支持终端通过直连卫星接收短消息，考虑到系统容量的限制及业务成本，当前系统设计限定只有终端在蜂窝网覆盖不到的区域才会被托管至卫星网，通过直连卫星收发信息。

1.2.2　5G 轻量化技术 RedCap

3GPP R17 提出兼顾 5G 终端性能与能耗的新技术方案，即 5G 轻量化技术 RedCap（Reduced-Capability）。RedCap 通过缩减工作带宽（由 100MHz 减至 20MHz）、减少收发天线数目（最低 1T1R）、降低调制阶数（上 / 下行最大 64QAM）等一系列技术手段，有效降低了终端复杂度及成本。RedCap 支持多 BWP 动态配置，可充分发挥 5G 大带宽优势；可集成 5G 网络切片、低时延、高可靠性等优势，相比 4G 网络，RedCap 可更好地支持行业的定制化需求。

1. RedCap 接入与控制

RedCap 终端的核心差异点是其带宽能力限制为 20MHz，这导致当 RedCap 终端接入普通大带宽小区（如 100MHz）时，需要做相应的处理，保证终端正常接入且小区带宽被充分利用。RedCap 用户支持多种用户识别，以匹配不同场景需求。

在 TDD 制式下，eMBB 和 RedCap 的 BWP0 不同，使用基于 MSG1 的 RedCap UE 识别方案，见表 1-1。

表 1-1　TDD 制式基于 MSG1 的 RedCap UE 识别方案

RedCap 识别点	RedCap 识别方法	对 比 分 析
MSG1	基于独立 PRACH Preamble 识别，支持 RedCap 独立初始 BWP	可兼容 eMBB 大带宽 BWP0，保障 eMBB 接入能力不下降
MSG3	基于 MSG3 MAC 头中专用的 CCCH 的 RedCap UE 识别	不影响接入能力，但是不支持 RedCap 独立初始 BWP
UE 能力	基于 UE_Capability_info 的 RedCap UE 识别	适用于传统流程，UE 支持度高，但是识别流程点较晚

在 FDD 制式下，RedCap 与 eMBB 共享 BWP0，使用基于 MSG3 的 RedCap UE 识别方案，接入流程如下。

1）gNB 系统消息 SIB1 携带 RedCap 专用 PRACH 导频序列。

2）UE 发起 RA procedure 过程，包括：

- UE—gNB MSG1 Preamble。
- gNB—UE MSG2 RAR（Random Access Response）。
- UE—gNB MSG3 RRC Setup Request。
- gNB—UE MSG4 RRC Setup。

可以发现，基站通过检测到 MSG1 使用的专用 PRACH 导频序列识别 RedCap UE。在 RAR 中，需要告知用户 MSG3 使用的上行时频域位置，当 RedCap 用户的 BWP0 大小和 eMBB 用户的 BWP0 大小不同时，需要在 MSG2 阶段就知道用户是否为 RedCap，否则后续调度内容都会不一致。

当小区为 barred 状态时，网络通过在 5G 小区的 SIB1 系统消息中的 IFRI 字段，指示是否允许 RedCap 终端进行小区选择或重选到同频小区。当 SIB1 不携带该字段时，代表该小区不允许 RedCap 终端接入。RedCap 终端应选择驻留于支持 RedCap 的 5G 小区，通过接收并正确解析 IFRI 字段以确定当前小区是否允许 RedCap 小区选择（重选）。同时，基站可通过 MIB 中的 cellbarred 指示信息告知 RedCap 终端是否符合接入条件，终端则应支持正确解析 MIB 中的 cell barred 指示信息的能力。RedCap 用户设备（UE）可驻留于支持 RedCap 的小区，并在此类小区间进行小区选择、重选，以及小区间切换。

2. RedCap 测量与切换

当小区存在多个 20MHz 带宽用于 RedCap 用户时（如 100MHz 小区可能出现 5 个 20MHz 小带宽），由于小区内的 SSB 位置只有一个，不可能同时存在于所有的 20MHz 带宽内。因此在某些带宽内，RedCap 终端无法使用 SSB 进行移动性测量，进而影响移动性功能。

鉴于此，3GPP 引入了 NCD-SSB（Non-Cell-Defined SSB）功能来提供测量，原有的 SSB 被称为 Cell-Defined SSB（即包含了小区配置信息的 SSB）。在 RedCap 同频邻区切换的测量流程中，建议测量频点设置为目标小区的 CD-SSB。

RedCap 同频切换的测量流程有四种场景，见表 1-2，划分依据是原小区 RedCap 的工作带宽部分（CD-SSB 或 NCD-SSB BWP），以及移动性测量频点（分别为目标小区 CD-SSB 或 NCD-SSB 频点）。切换流程不会改变 RedCap 源小区的 BWP 位置，只能选择移动性测量频点。建议选择 CD-SSB 为测量频点，协议兼容性与测量稳定性更优。

表 1-2　RedCap 同频邻区切换流程

原小区 RedCap SSB	目标小区 测量 SSB	对比分析
CD-SSB NCD-SSB	CD-SSB	CD-SSB 邻区有相应配置，测量更容易，存量站点即支持。CD-SSB 协议兼容性与测量稳定性更优。但是，对于源小区为 NCD-SSB 的 RedCap 用户，会增加异频 GAP 测量，边缘用户体验下降
CD-SSB NCD-SSB	NCD-SSB	对于源小区为 NCD-SSB 的 RedCap 用户，可减少异频 GAP 测量，提升边缘用户体验。NCD-SSB 为用户级配置，小区业务负载变化可能导致 NCD-SSB 个数变化，测量不稳定

3. RedCap 初始 BWP 设置

在初始 BWP 及业务专用 BWP 配置中，支持配置独立的 BWP。

在 NR TDD 制式下，建议为 RedCap UE 设置独立的初始 BWP，这样设置的优点是不影响 eMBB 的接入规格，同时避免了上行 PUSCH 资源碎片化。这种方式特别适用于 NR TDD 100MHz 场景，如图 1-1 所示，N41 频段 RedCap 初始 BWP 配置为 CD-SSB 与 CORESET#0 位于低频边缘 20MHz 范围内（与现网配置一致），CD-SSB 带宽固定为 20RB，CORESET#0 带宽建议为 48RB。

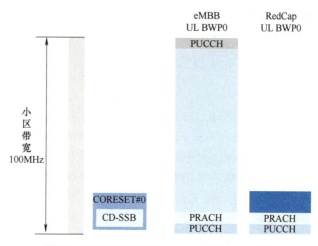

图 1-1　NR TDD 制式 RedCap 初始 BWP 配置

在 NR FDD 制式下，建议 RedCap UE 和 eMBB UE 共享初始 BWP（20MHz），这样设置的优点是无须新增 BWP 配置，SIB1 消息长度较短。这种设置适用于 NR FDD 20MHz/30MHz 带宽场景，如图 1-2 所示，在 n28 频段，即 700MHz 频段下 RedCap 初始 BWP 配置为 CD-SSB 与 CORESET#0 的频域位置无特殊约束，保持现网配置即可，CD-SSB 带宽固定为 20RB，CORESET#0 带宽建议为 48RB。

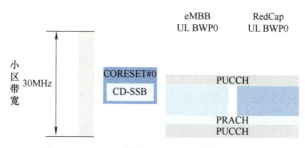

图 1-2　NR FDD 制式 RedCap 初始 BWP 配置

网络在系统消息中可以为 RedCap 终端配置独立下行初始 BWP，且该 BWP 带宽不超过 20MHz。

当网络配置的独立下行初始 BWP 中包括小区定义的 SSB（Cell Defining SSB，CD-SSB）和整个 CORESET#0 时，在空闲态或者非激活态的 RedCap 终端支持在该独立下行初始 BWP 中接收 SIB 及监听寻呼。

当网络配置的独立下行初始 BWP 中不包括 CD-SSB 和 CORESET#0 时，在空闲态或非激活态的 RedCap 终端支持在包含 CORESET#0 上的下行初始 BWP 中接收 SIB 及监听寻呼消息，在包含 CD-SSB 和 CORESET#0 上的下行初始 BWP 中接收 SIB。

4. RedCap 专用 BWP

在 NR TDD 制式下，当 RedCap 网络配置多个 BWP 时，会存在固定下行开销。具体而言，在 NCD-SSB 模式下，每 BWP 损失 1%，如果 BWP 激活的数量大于业务需求，NCD-SSB 开销影响性能将为 $n*1\%$（n 为配置 BWP 的个数）。BWP 绑定的 PUCCH 被分割成多段，会导致上行资源碎片化，影响终端调度性能。

在 NR FDD 制式下，当 RedCap 网络配置多个 BWP 时，可以考虑 20MHz+20MHz 的多 BWP 部署方案，对比分析如下。

- CD-SSB/CORESET#0：当 CD-SSB 配置在交叠区时，无须 NCD-SSB、RedCap 与 eMBB 共享，维持现网已有配置，BWP 无开销。
- NCD-SSB：当 CD-SSB 配置在交叠区之外时，需新增 160ms 周期 NCD-SSB，BWP 有固定下行开销。

5. RedCap 节电技术

RedCap 围绕降低功耗这一目标进行设计，主要包含 RRM（Radio Resource Management，无线资源管理）测量放松机制及 eDRX（extended Discontinuous Reception，扩展非连续接收）功耗优化特性。

（1）RRM 测量放松

在空闲态和非激活态，网络可通过系统消息配置 RRM 测量放松的触发条件，当 RedCap 终端满足触发条件时，放松对于邻区的 RRM 测量，以达到节省终端功耗的目的；在连接态，网络可通过 RRC 重配置消息配置 RRM 测量放松条件，当 RedCap 终端满足触发条件时会通过终端辅助信息（UAI）上报给网络，由网络决策配置合适的测量参数来放松终端在连接态下的测量，比如减少测量的邻区频点、拉长测量周期等。

（2）eDRX

在待机状态，终端需要周期性地醒来监听寻呼，这是影响功耗的主要因素。针对那些对业务建立时延不敏感的应用场景，为了进一步减少终端功耗，RedCap 引入了 eDRX 节电特性，即延长终端监听寻呼的周期，终端在不监听寻呼时可以进入休眠状态。具体而言，RRC_IDLE 状态下模组的 eDRX 周期最大可扩展至 10485.76s，RRC_INACTIVE 状态下模组的 eDRX 周期最大可扩展至 10.24s。采用更长的 eDRX 周期可增加终端睡眠时长，降低终端待机电流。

1.3　基于智能内生的优化分析

1.3.1　上行业务的识别与优化

1. 4G 向 5G 演进背景

在 TD-LTE 向 NR TDD 演进过程中，为了保证共站 RRU 的射频设备同时支持 4G 与 5G，需要 4G 与 5G 设备在射频保持同样的上下行转换点。TD-LTE 如果采用 4∶1 的上行时隙结构，相应地，在选择 SCS=30kbit/s 带宽时，NR TDD 需设置为单周期 8∶2 的上下行时隙配置。

由于 NR TDD 系统采用 100MHz 的载波带宽，在 5G 初期，容量不足的问题不会立即凸显出来。但是，随着 5G 用户的规模增长，热点区域的 5G 容量问题会逐步显现，尤其是部分对上行有大带宽需求的业务场景，如直播场景。按照 100MHz 带宽为基准，中国移动采用 DL：UL＝8：2, 5ms 单周期时隙配置，竞商采用 DL：UL＝7：3, 5ms 双周期时隙配置。相对而言，下行能力优于竞商，但是上行能力明显不足，需持续开展精细优化和搬迁调整打好结构基础。

从数据业务的典型特征来看，整网情况依然是下行流量占比更大，但是局部区域，尤其是要求"高清直播"的网红直播场景，对上行带宽的要求远远超过下行带宽。此外，由于手机终端的高清摄像能力，直播现场已不局限于某个固定的直播间，向"随时随地、有感而发"的状态发展。

2. 直播业务对传统优化的冲击

客观讲，在 TDD 制式以下行为主的容量规划中，出现直播与视频回传的上行大带宽业务，对 NR TDD 的优化分析带来一定的冲击。

首先，优化工程师只能按照常规的业务模式来做容量规划，但是，下行为主的容量规划不能很好地支持直播类上行业务。

其次，在发现某区域的上行业务要求更大时，网络优化工程师并不能调整涉及基站的上下行时隙配置，只能考虑新增小区，导致新增的小区投资效益差。

最后，基于手机终端的直播业务具有很强的随机性，不适合传统的发现容量受限且保持较长周期的容量扩容判决方法。

因此，基于大带宽上行的直播域视频回传业务，往往呈现的方式是：某一区域周边的基站突然变得上行能力不足，上行利用率攀升，而下一个时段，又恢复正常的情况。

目前，应对上行大带宽业务需求的直播业务、高清视频回传业务等，一般采用以下三种方式解决。

1）新增 NR TDD 小区，与原 NR TDD 小区保持同样的上下行时隙配置，即同频 2CC 载波聚合，这种方式是通过提升整体吞吐量来提升上行容量。

2）新增异频 NR TDD 小区，可考虑不同频段，如 n79（4.9GHz）频段，在新的频段采用差异化上下行时隙配置，如 1D3U。

3）新增 NR FDD 小区，如 n28（700MHz）频段，由于 NR FDD 小区频谱资源相对较小，如需解决热点区域上行大带宽需求，需考虑频率优先级问题以及越区覆盖问题，避免 NR FDD 覆盖范围过大，且优先级低，不能很好地支撑直播业务需求。

此外，目前，在智能内生网络架构下，3GPP 定义了一个承担网络数据分析的 5GC 网元 NWDAF（Network Data Analysis Function）。NWDAF 包含数据收集、服务注册、数据开放、数据提供、机器学习模型训练功能，通过全面数据分析，支撑网络持续优化，提升资源利用率、网络能效和客户体验。

3. 基于 NWDAF 的上行保障

NWDAF 部署时可拆分为 MTLF（Model Training Logic Function，模型训练逻辑功能）和 AnLF（Analytics Logic Function，分析推理逻辑功能）两大实体。其中，训练功能采用 GPU 等专门的硬件平台以提升训练效率；训练功能可以部署在云端，本地进行分析推理，提升分析效率。NWDAF 感知保障流程如图 1-3 所示。

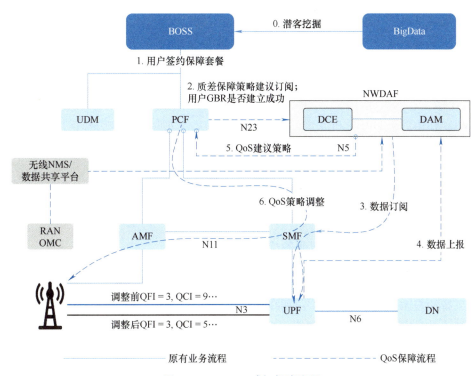

图 1-3　NWDAF 感知保障流程

NWDAF 结合资源数据生成保障策略建议，通过网元 BOSS → PCF → NWDAF → SMF → UPF 的结果推送，UPF 下发新的 QoS 策略，保障用户业务感知，具体流程如下。

（1）潜客挖掘

由已有的深度包检测（Deep Packet Inspection，DPI）分析系统完成，由市场部门负责套餐推送及用户签约。

（2）感知度量触发

由 BOSS 在统一数据管理功能（Unified Data Management，UDM）/策略控制功能（Policy Control Function，PCF）中签约用户 QoS 保障套餐。

在线用户 / 用户上线，触发 PCF 基于 N23 口向 NWDAF 订阅质差保障策略建议；PCF 返回用户 GBR 是否建立成功的指示；会话释放、取消套餐、超出支持位置区等情况下，PCF 向 NWDAF 取消订阅质差保障策略建议。

NWDAF 经由为用户服务的 SMF 向用户所在的锚点 UPF 订阅质差分析数据上报；会话释放、取消套餐、超出支持位置区等情况下，NWDAF 向 SMF 取消质差订阅。

（3）感知度量及质差上报

UPF 配置签约业务体验指标的质差基线，当业务质差时，锚点 UPF 基于质差基线进行判断，向 NWDAF 上报质差并携带实时小区位置信息。

（4）策略生成

NWDAF 基于小区拥塞情况、GBR 资源是否满足建立专载要求的综合分析，判定是否要生成质差策略建议，当用户 QoS 质差时，生成 QoS 质差策略，经 N5 口将质差策略建议反馈给 PCF。

（5）策略下发

PCF 根据 NWDAF 的专载策略建议信息、策略冲突优先级、位置等信息进一步决策，若决策为采取 NWDAF 的策略建议，下发相应动态 GBR 规则到 SMF，网络建立/更新专载。同时 PCF 反馈专载建立成功指示给 NWDAF，NWDAF 累计小区建立成功的 GBR 的数量。

4. 小结

NWDAF 相对于 DPI 分析系统，其涉及网元可实现实时采集与分析，可生成闭环 QoS 保障策略。此外，实时探测用户业务质差情况，根据实际业务质差触发保障策略，资源效率高。基于特殊业务，如直播类大上行带宽业务，NWDAF 生成 PCC 保障策略，综合无线资源、网络资源等其他因素综合判断是否需要触发保障流程，利用智能内生架构设计理念，设计 AI 算法提前预测业务质差区域及时段，提前触发业务保障流程，保障用户体验。

1.3.2   基于智能内生架构的视频业务优化

1. 智能内生架构的应用需求

人工智能技术与移动通信网络的融合发展始于第五代移动通信网络（5G）阶段，网络智能化被认为是未来网络发展的重点。5G 的网络智能化功能总体属于外接式设计，例如使用外置的网络管理系统采集通信网络不同网元接口的数据，或设置探针，对采集或抓取到的数据进行人工智能算法分析。目前移动通信系统中的管理面，由于系统复杂程度和对管理面巨大数据流量的考虑，网络功能的监督、管理和编排周期一般在 15min 以上，对于更实时的编管需求，现有的管理面方式将无法满足。

基于智能内生架构，移动通信系统的智能协同控制功能将部署在更靠近网络业务功能的位置，如基站侧，由基站侧的智能协同控制单元完成实时性要求较高、复杂程度较低的管理服务。对于实时性要求较低、涉及区域较大、复杂程度较高的管理服务，仍可采用现有的外接式的网络管理系统架构，基站协同控制功能进行初步的处理，上报网络管理系统进行 AI 分析，然后，基站协助网络管理系统执行控制与资源管理。基站侧的智能协同控制功能将基于 6G 网络的智能内生，分析网络业务功能、区域范围以及时间需求，选取所涉及的相对较小范围的网络功能和区域节点，针对性地对其实施监督和管理工作，达到更实时的效果。

2. 现有的视频流码率管理方法

目前移动通信网络中，短视频流量占全网流量的 50% 以上，但是现网短视频高清比例不足 10%，结合核心网控制面与用户面的统计分析发现：短视频 APP 会根据移动通信网络的信令交互情况决策下一个视频的分辨率，因此视频流首帧时延成为决定分辨率的关键因素，从统计中进一步发现：无线侧空口时延大于 60ms 时，高清类短视频占比会快速下降。

（1）现有网络的不同业务调度方法

NR（New Radio）系统采用共享信道传输，时频资源在 UE 之间是动态共享的，gNodeB 通过调度特性实现上下行链路时频资源的分配，除了能保证系统吞吐率和用户资源公平外，还可以提升系统容量和网络性能，调度特性包括以下几个方面。

1）优先级计算：调度器根据调度输入的信息，确定承载的调度优先级和选定调度的用户，保证调度公平性的同时，最大化系统吞吐率。

2）调制编码方式 MCS 选择：调度器根据调度输入的信息，确定每一个调度用户的

MCS，不同调制方式下采用不同的信道编码效率。对于信道质量好的场景，提供高阶的调制方式和高的编码效率。调制阶数和编码效率越高，传输效率越高。

3）资源分配：调度器需要为 UE 指示调度所在 slot，以及该 slot 内调度的正交频分复用 OFDM 符号的起止位置，同时根据用户数据量和选定的 MCS，确定用户分配的资源块 RB 数和 RB 位置。

（2）视频流业务常规的调度方法

现有视频流业务的调度方法是设置不同的 QoS 级别，QoS 管理是网络满足业务质量要求的控制机制，它是一个端到端的过程，需要业务在发起者到响应者之间所经历的网络各节点共同协作，以保障服务质量。

基站与终端之间的空口 QoS 管理特性针对各种业务和用户的不同需求，提供服务质量保证，允许不同业务竞争网络资源，以实现不同的体验保障。NSA（Non-Standalone）组网和 SA（Standalone）组网下均支持 QoS 管理。业务建立请求阶段，无论在 NSA 组网还是在 SA 组网下，业务最终映射到 gNodeB 的 QCI 承载上，由承载的差异化调度实现各业务差异化服务。

SA 组网架构下，当 UE 发起业务建立请求时，gNodeB 读取 NG 接口 INITIAL CONTEXT SETUP REQUEST 消息或 PDU SESSION RESOURCE SETUP REQUEST 消息中各 QoS Flow 的 QoS 属性值。根据各 QoS Flow 的 5QI，并结合 gNodeB 侧的配置，gNodeB 将不同 QoS Flow 映射到对应的 DRB 上，为业务分配合适的无线承载和传输资源。SA 组网下，各标准 5QI 对应的 QoS 属性见表 1-3、表 1-4，可以看到普通视频流业务可根据实际情况设置为 Non-GBR 的 5QI 6/7/8/9，上行直播使用的视频流可以设置为 GBR 的 5QI 71-76。

表 1-3　标准 5QI 到 QoS 特征映射（GBR）

5QI	默认优先级水平（Default Priority Level）	包延迟预算（Packet Delay Budget）/ms	错包率（Packet Error Rate）	默认最大突发数据量（Default Maximum Data Burst Volume）	默认平均窗（Default Averaging Window）/ms	业务示例
1	20	100	10^{-2}	N/A	2000	会话类语音
2	40	150	10^{-3}	N/A	2000	会话类视频（直播流）
3	30	50	10^{-3}	N/A	2000	实时游戏、V2X 消息配电（中压）、流程自动化（监控）
4	50	300	10^{-6}	N/A	2000	非会话类视频（缓冲流）
65	7	75	10^{-2}	N/A	2000	关键任务用户面一键通语音（如 MCPTT）
66	20	100	10^{-2}	N/A	2000	非关键任务用户面一键通语音
67	15	100	10^{-3}	N/A	2000	关键任务用户面视频
71	56	150	10^{-6}	N/A	2000	上行直播流
72	56	300	10^{-4}	N/A	2000	上行直播流
73	56	300	10^{-8}	N/A	2000	上行直播流
74	56	500	10^{-8}	N/A	2000	上行直播流
76	56	500	10^{-4}	N/A	2000	上行直播流

表 1-4　标准 5QI 到 QoS 特征映射（Non-GBR）

5QI	默认优先级水平（Default Priority Level）	包延迟预算（Packet Delay Budget）/ms	错包率（Packet Error Rate）	默认最大突发数据量（Default Maximum Data Burst Volume）	默认平均窗（Default Averaging Window）	业 务 示 例
5	10	100	10^{-6}	N/A	N/A	IMS 信令
6	60	300	10^{-6}	N/A	N/A	视频（缓冲流）基于 TCP 的业务（如 Web 浏览、电子邮件、聊天、FTP、P2P 文件共享、渐进式视频等）
7	70	100	10^{-3}	N/A	N/A	语音 视频（直播流）互动游戏
8	80	300	10^{-6}	N/A	N/A	视频（缓冲流）
9	90	300	10^{-6}	N/A	N/A	基于 TCP 的业务（如 Web 浏览、电子邮件、聊天、FTP、P2P 文件共享、渐进式视频等）
69	5	60	10^{-6}	N/A	N/A	关键任务时延敏感型信令（如 MCPTT 信令）
70	55	200	10^{-6}	N/A	N/A	关键任务数据（业务示例与 QCI6/8/9 相同）
79	65	50	10^{-2}	N/A	N/A	V2X 消息
80	68	10	10^{-6}	N/A	N/A	低时延 eMBB 应用 增强现实

3. 现有视频流码率管理方法的不足

现有的 5G 网络视频流码率管理方法存在很大的不足，主要体现在 3 个方面。

1）现有的视频流码率管理是通过 QoS 服务等级来控制的，5QI 值是核心网下发给基站，常规通过核心网定义的 5QI 进行业务分类，业务分类粗，使得无线侧无法进行差异化保障。

2）核心网定义 5QI 之后，通常在一个较大的区域生效，基站在执行 5QI 调度管理时并没有考虑基站本身的负荷，因此，在同类业务高度聚集，或基站利用率高的高负荷场景，5QI 的调度管理不能发挥应有的作用。

3）现有的 5G 网络的视频流识别是在核心网完成的，视频流业务识别、智能分析的周期较长，网络功能的监督、管理和编排周期一般在 15min 以上，如此长的周期不能对动态变化的无线环境给出准确的控制管理。

4. 基于智能内生架构的视频流码率优化

下面介绍基于智能内生架构的视频流码率自适应调整方法。首先，增强基站算力，在基站侧解析用户面数据，实时识别视频流业务特征；其次，结合基站侧上下行 PRB 利用率等统计指标，在基站侧进行动态的视频流调度策略与上行预调度周期的调整，通过空口时延调整，来达到控制视频流码率的动态调整；最后，检测到基站侧上下行 PRB 利用率超过一个阈值后，对视频流调度控制与上行预调度周期进行参数回退，避免影响基站侧全量用户的使用感知。

相比传统的方法，基于智能内生架构的视频流码率自适应调整方法可以规避传统的视频流码率评估慢、实施范围大的问题，可以在设定的基站内进行视频流业务识别，并实施细分层级的视频流业务调度策略，提升用户的使用感知。在基站侧增加算力实现基站内生的精细识别能力，为不同类型的视频流业务提供局部差异化、精准的 QoS 参数以及预调度策略，结合基站实时的 PRB 利用率统计情况进行视频流码率调整。

（1）控制面与用户面数据解析

5G 系统将传统的硬件与软件捆绑形成的逻辑功能网元向网络功能虚拟化（NFV）转型，在命名上统称为网络功能（Network Function），可参考传统的网元功能，如图 1-4 所示，基站与核心网之间的数据统计分为控制面和用户面。控制面（Control Plane）主要负责以下事务：信令传输，处理终端（UE）与网络间的注册、鉴权、会话管理等信令流程；移动性管理，跟踪 UE 位置（如 TAU 跟踪区更新），处理切换（Handover）决策；资源分配，为 UE 分配 IP 地址、QoS 策略（如 GBR/Non-GBR 业务带宽保障）；安全控制，执行 AKA 鉴权、加密算法协商（如 5G-AKA、EAP-TLS）。用户与核心网之间的交互，接入、鉴权等控制消息使用控制面，业务交互。用户面（User Plane）主要负责：数据转发，承载用户业务数据（如视频流、网页内容），通过 UPF 进行路由与交换；流量处理，执行包检测（如 DPI）、计费统计、QoS 标记（如 DSCP 优先级）；边缘计算，支持本地分流（Local Breakout），将流量导向 MEC 平台降低时延。控制面数据统计采集 N2 接口，用户面数据统计采集 N3 接口。

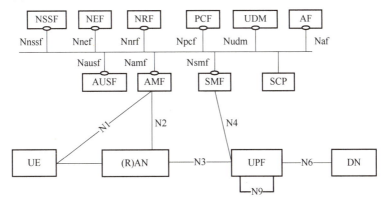

图 1-4　5G 系统功能实体架构

（2）统计视频流码率低区域对应基站的 PRB 利用率

从 N3 接口的用户面数据统计中，梳理出不同类型的数据流，解析出视频、网页、消息等；从视频流业务大类中，通过 IP 地址梳理出不同 APP 的视频流，如抖音 APP、微信 APP；在不同的 APP 业务子类中，梳理出不同的视频流类型，如短视频、直播、点播等。

统计视频流业务码率低的 IP 地址，进而解析出基站 ID，列入集合 H1，统计 H1 集合对应基站的 PRB 利用率。

PRB 是 5G 的数据信道资源分配的基本单位。在 LTE 中，可以在整个传输信道带宽上为用户分配资源，因此信道带宽上的 RB 即为 PRB；在 5G 中，由于 5G 相比于 LTE 会采用更大的信道带宽，并且引入了 BWP 的概念，因此 5G 将整个信道带宽内的 RB 定义为 CRB，而某用户 BWP 中包含的 RB 称为 PRB。

下行 PRB 利用率指标，是指一定时间间隔分别累加 PDSCH 信道上每 TTI 使用的 PRB

个数和可用的 PRB 个数，通过二者相除得到 PDSCH 信道的 PRB 资源利用率。（注：对于 TDD 系统，只统计下行子帧，上行子帧不参与统计，特殊子帧的 DwPTS 如果可以进行下行数据传输，则按照 1 个 PDSCH TTI 统计。）

上行 PRB 利用率指标，是指一定时间间隔分别累加 PUSCH 信道上每 TTI 使用的 PRB 个数和可用的 PRB 个数，通过二者相除得到 PUSCH 信道的 PRB 资源利用率。（注：对于 TDD 系统，只统计上行子帧，下行子帧不参与统计。）

（3）判决对应基站的上行 PRB 利用率

若该区域对应基站的上行 PRB 利用率低于一个阈值 T1，则基站侧解析用户面业务数据，识别视频流业务特征。

若该区域对应基站的上行 PRB 利用率低于一个阈值 T1。TDD 制式上下行时隙配置通常设置为 DL：UL=8：2 或 DL：UL=7：3，因此，上下行 PRB 利用率的判决门限使用不同的阈值；由于上行时隙配置较少，上行资源可能会受限，所以当前只考虑上行 PRB 利用率。

判决集合 H1 基站每小区的一定时间间隔的上行 PRB 利用率低于阈值 T1，可设置时间间隔为 1h，T1=40%，可根据实际情况进行调整。

若上行 PRB 利用率低于阈值 T1，则继续执行；否则执行回退。

（4）识别视频流业务特征

在基站侧解析用户面业务数据，如图 1-5 所示，基于智能内生架构的基站，增加存储与算力后，解析 SDAP（Service Data Adaptation Protocol）。SDAP 是 5G 新增的协议层，SDAP 协议层有两个功能：

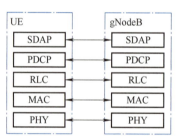

图 1-5　基站侧 5G 控制面 / 用户面协议栈

1）在数据包中添加 QoS Flow 的标识，即 QFI 值，接收端从数据包的 SDAP 头中读取该值。

2）将 QoS Flow 映射到相应的 DRB 上。

QoS Flow 经过 SDAP 层时，SDAP 层会将各 QoS Flow 映射到相应的 DRB 上。如果 QoS Flow 所对应的业务是 GBR 类型或 Non-GBR 类型中 5QI 值为 5 或 69 的业务，gNodeB 会将每个 QoS Flow 分别映射到 1 个 DRB 上，该场景下 QoS Flow 和 DRB 是一对一的映射关系。如图 1-6 所示，对于 5QI 值均为 5 的两个 QFI0 和 QFI1（即同一种业务类型的两条不同的 QoS Flow），其将分别映射到 DRB ID1 和 DRB ID2 对应的承载上，但这两个 DRB 的 QoS 等级 QCI 均为 5。

如果 QoS Flow 所对应的业务是 Non-GBR 类型且 5QI 值不为 5 和 69 的业务，gNodeB 会将同一种业务的多个 QoS Flow 映射到同一个 DRB 上，该场景下 QoS Flow 和 DRB 是多对一的映射关系。对于 5QI 值均为 6 的两个 QFI2 和 QFI3（即同一种业务类型的两条不同的 QoS Flow），gNodeB 将其映射到一个相同的 DRB 上（DRB ID3 对应的承载）。

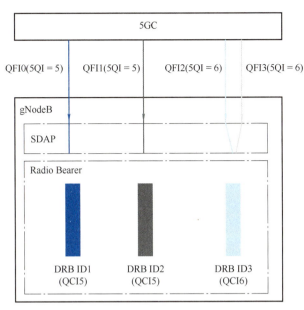

图 1-6　QoS Flow 映射到 DRB 的示意图

视频流业务的解析过程：在基站侧用户面数据统计中，梳理出不同类型的数据流，解析出视频、网页、消息等；从视频流业务大类中，通过 IP 地址梳理出不同 APP 的视频流，如抖音 APP、微信 APP；在不同的 APP 业务子类中，梳理出不同的视频流类型，如短视频、直播、点播等。

（5）提升视频流业务上下行调度优先级

对应基站提升视频流业务上下行调度优先级，并缩短上行预调度周期，统计一个时间间隔周期 $t1$ 的视频流码率变化情况。

在基站确定了数据传输调度类型后，会根据调度类型来进行调度。下行初传调度根据 EPF（Enhanced Proportional Fair）算法，对多个有下行数据传输请求的业务进行优先级排序，并按照优先级从高到低的顺序依次调度。

同样，上行初传调度也是根据 EPF 算法，对多个有上行数据传输请求的用户进行优先级排序，根据 EPF 优先级从高到低依次调度。

参考表 1-3，可在基站侧定义视频流的 5QI 级别，一定程度上，相比常规的 5QI 值，集合 H1 的基站，可提升视频流的 5QI 级别，使用更高的调度优先级，从而达到优先调度的目的。

（6）对应基站缩短上行预调度周期

预调度是指不论 UE 是否向基站发送调度指示（Scheduling Request Indicator，SRI），每隔一段时间基站都会主动调度一次 UE，以减少从 UE 发送 SRI 到获得上行调度授权的时间。

预调度最小周期参数用于配置上行用户预调度的最小时间间隔。该参数设置值越小，上行用户预调度间隔周期越短，时延性能越好；但上行干扰就越大，终端耗电也就越多。

统计一个时间间隔 $t1$ 的视频流码率变化情况。通过对基站与核心网用户面的统计分析发现，短视频 APP 会根据移动通信网络的信令交互情况决策下一个视频的分辨率，因此视频流首帧时延成为决定分辨率的关键因素。缩短上行预调度周期会有效缩短无线空口时延，该时延可以使用参考 TCP 三次握手过程中，从终端收到请求到终端反馈确认的时间差。

进一步分析发现，无线侧空口时延小于 60ms 时，APP 服务器将提升高清类短视频的推送，因此，缩短上行预调度周期，减少 TCP 三次握手的空口时延，可有效提升高清类短视频占比。

如果判决视频流码率未提升，则需检查基站覆盖性能、上行干扰等指标；如果判决视频流码率有提升，则表明基站侧优先级调度及预调度周期的调整已起作用，此时应在新的 $t1$ 周期内统计基站上行和下行 PRB 利用率。

在新的 $t1$ 周期内，重新统计集合 H1 的基站的 PRB 利用率，需考虑基站所有小区在一定时间间隔的上行和下行 PRB 利用率。时间间隔可设置为 $t1$，也可根据实际情况进行调整。

5.　小结

由于 TDD 制式上行时隙资源配置少于下行时隙，上行资源可能会先遇到受限，上行资源受限后将影响所有承载业务的使用感知，因此，首先判决上行链路，如判决上行 PRB 利用率超过阈值 $T2$，则回退上行预调度周期参数为初始值；判决下行 PRB 利用率超过阈值 $T3$，则回退视频流业务上下行调度优先级参数，同时表明基站所承载的业务量较大，业务负荷较高，可能会影响到所有用户的使用感知，则回退视频流业务上下行调度优先级参数为初始值。

第 2 章

NR 网络覆盖性能的测评与优化

通信网络覆盖性能优化是非常必要的优化工作，通常情况下，通信网络建设前需要进行全面的仿真规划，对业务需求量大的热点区域，需要进行细致的链路预算，确定基站的覆盖范围。传统的 2G/3G/4G 网络在每一批工程完成后，都要进行详尽的覆盖性能评估，以便后续的优化调整，并提出下一次扩容工程的需求。

传统的覆盖性能评估方法主要有路测与定点测试。路测是将测试仪表置于车辆内，对目标区域进行连续测试；定点测试则是针对路测不能到达的区域，如室内、高层建筑物内进行测试。路测与定点测试都有一定的局限性，路测只能在设定好的路线进行测试，遍历性不足；定点测试适合于具体的投诉问题测试，为室分系统做评估。

4G 网络之前的测试主要关注信号强度，4G 完成规模建设后，数据业务的速率测速成为判决网络质量的关键指标，网优工程师通常使用测速 APP 来进行下载、上传的速率测试，常用的测速 APP 有 Speedtest、Smarttest 等。通信运营商也通过 MR、MDT 数据来进行 4G 网络的覆盖性能评估。5G 网络在国内完成规模建设后，智能手机终端可支持更多的 APP，一些第三方的机构通过采集 APP 数据来对通信网络覆盖性能进行评估。

在国际环境中，覆盖性能评估方法略有不同，通常情况下，国家电信管理局会定期举行对比测试，然后在官方网站公布测试结果。此外，一些第三方测评机构通过实地测试、APP 数据收集等方式来完成对全世界主要通信运营商的网络测评。例如，Ookla 机构，主要以路测为主，在某一国家或地区采用通车多模组测试，横向对比该国家或地区的所有运营商的网络质量；OpenSignal 则是通过采集手机终端主流 APP（Facebook、Youtube、WhatsApp、Instagram、Twitter 等）的实时交互数据，用来评估该国家或地区的所有运营商的网络质量。

不同的评估方式在测试结果上存在差异。Ookla 测试主要是记录实地测试的速率，而 OpenSignal 则是给出数据交互中所有数据的平均值，所以在速率测试中，Ookla 的下载或上传速率通常会高于 OpenSignal。OpenSignal 更侧重于手机终端的感知体验，其测评项包括视频体验（Video Experience）、游戏体验（Games Experience）、语音 APP 体验（Voice APP Experience）、下载速率（Download Speed Experience）、上传速率（Upload Speed Experience）、4G/5G 驻留比（Time on 4G/5G）以及业务连续性（Excellent Consistent Quality and Core Consistent Quality）。其他的测评机构及测评方式在此不一一阐述。

通信运营商内部的覆盖性能测评通常是多维的，既包括传统的路测，也使用性能统计指标，如 MR、MDT，还有众测 APP 方式，客观来说，每种测评方式都有一定的局限性：

传统路测遍历性不足，不能表征用户的使用感知；性能统计指标与 MR 方式，问题点会被淹没在整个小区内。相较而言，众测 APP 方式更能表征用户的使用感知。众测 APP 是指普通移动互联网用户使用 APP 时，通过 APP 收集手机上报的网络信息及网络质量，来反映移动互联网网络覆盖性能。目前的众测 APP 重点关注 4G/5G 网络的 RSRP（Reference Signal Received Power，参考信号接收功率）电平强度，从单通道配置功率的角度来看，FDD 制式的单通道配置功率比 TDD 制式更高，相应地，体现在 APP 上的 RSRP 强度，FDD 制式的覆盖性能要优于 TDD 制式。

长远来看，覆盖性能评估方式应是多样多维的，需考虑不同的业务类型的覆盖性能。例如，应对上行直播业务时，需考虑上行覆盖性能而不仅是下行覆盖性能，而且还需要考虑上行直播业务所需要的上行带宽、鲁棒性等因素。由于日常的网络优化中多侧重于下行覆盖性能评估，本章将重点阐述上行覆盖性能评估的相关内容。

2.1　基于 PDCCH 的覆盖性能评估

2.1.1　PDCCH 聚合级别

PDCCH 上行 CCE 聚合级别的统计指标，可以在一定程度上表征用户的覆盖性能，尤其是部分小区边缘用户所处的位置以及当时的无线环境。PDCCH 用于传输 DCI（Downlink Control Information，下行控制信息），包括 SRS DCI 和 CSI-RS DCI。PDCCH 承载的 DCI 信息具体如下。

1）下行授权：包括 PDSCH 的资源指示、编码调制方式和 HARQ 进程等信息。下行授权格式有 Format 1_0 和 Format 1_1。

2）上行授权：包括 PUSCH 的资源指示、编码调制方式等信息。上行授权格式有 Format 0_0 和 Format 0_1 两种。

1. PDCCH 时域资源范围

NR 标准定义了小区 PDCCH 占据 1 个 slot 的前几个符号（1 个 slot 共 14 个符号，即符号 0～符号 13），最多为 3 个符号，如图 2-1 所示。其中，每个方格表示一个 RE。NR（TDD）低频支持 PDCCH 占据 1 个符号、2 个符号或 3 个符号，PDCCH 数据包括解调参考消息，DMRS（DeModulation Reference Signal）。

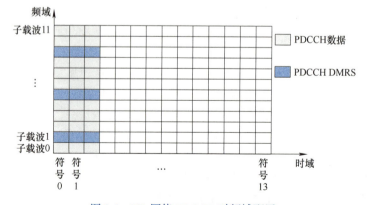

图 2-1　NR 网络 PDCCH 时频域配置

2. PDCCH 的 CCE 聚合级别

CCE（Control-Channel Element）是 PDCCH 传输的最小资源单位。1 个 CCE 包含 6 个 REG（Resource-Element Groups），1 个 REG 对应 1 个 RB（Resource Block）。CCE、REG 和 RE 的关系如图 2-2 所示。

按照码率的不同，gNodeB 能够将 1、2、4、8 或 16 个 CCE 聚合起来组成一个 PDCCH，也就是协议定义的 1、2、4、8、16 聚合级别。聚合级别与 CCE 资源数的映射关系见表 2-1。

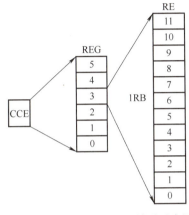

表 2-1　聚合级别与 CCE 资源数

聚合级别	CCE 资源数
1	1
2	2
4	4
8	8
16	16

图 2-2　CCE、REG 和 RE 关系示意图

- 聚合级别 1 表示 PDCCH 占用 1 个 CCE；聚合级别为 2 表示 PDCCH 占用 2 个 CCE，依此类推。
- 聚合级别为 16 的 PDCCH，码率最低，解调性能最好。由于小区内近点用户的信号质量通常较好，所以如果将小区内所有 UE 的 CCE 聚合级别都定为 16，就会造成近点用户 PDCCH CCE 资源的浪费。
- 聚合级别为 1 的 PDCCH，码率最高，解调性能最差。由于小区内中点和远点用户的信号质量相对较差，所以如果将小区内所有 UE 的 CCE 聚合级别都定为 1，会影响中点和远点用户的 PDCCH 正确解调。

用户专用 PDCCH 的 CCE 聚合级别调整采用动态调整方式，即 gNodeB 根据 PDCCH SINR 动态选择合适的 CCE 聚合级别，使得 PDCCH 的 BLER（Block Error Rate，误块率）收敛到 BLER 目标值（NRDUCellPdcch.PdcchBlerTarget）。

3. 获取 PDCCH SINR

gNodeB 根据 UE 测量结果等信息对 PDCCH SINR 进行预估，并支持在 PDCCH SINR 预估值上设置一定的 PDCCH SINR 偏置值，同时还支持根据 PUSCH DTX（Discontinuous Transmission，非连续传输）等信息对预估的 PDCCH SINR 进行动态调整，以获取尽量准确的 PDCCH SINR，从而选择更加合适的 CCE 聚合级别。

- 针对初始接入时的 UE：当 CCE 聚合级别初始选择优化功能（参数 NRDUCellPdcch. PdcchAlgoEnhSwitch 的子开关 "AGG_LVL_INIT_SELECT_OPT_SW"）开启时，gNodeB 根据上行测量信息和小区负载信息对 PDCCH SINR 进行预估，从而为该 UE 选择合适的 CCE 聚合级别。当用户信道条件足够好且小区处在重载状态时，会适当降低 CCE 聚合级别，提升 PDCCH 资源能支持的用户数容量。
- 针对初始接入后的 UE：gNodeB 默认根据 UE 上报的 CQI（Channel Quality Indicator，

信道质量指示）信息对 PDCCH SINR 进行预估，从而为该 UE 选择合适的 CCE 聚合级别。同时，在预估 PDCCH SINR 时，支持通过配置 PDCCH 聚合级别自适应策略（NRDUCellPdcch.PdcchAggLvlAdaptPol）控制 gNodeB 预估 PDCCH SINR 时是否参考 PDSCH 调度的 MCS 等信息。由于 PDCCH 与 PDSCH 的信道特征相差较大，该参数一般配置为"SEPARATE_ADAPT"，表示 gNodeB 预估 PDCCH SINR 时，不会参考 PDSCH 调度的 MCS 等信息。

4. 配置 PDCCH SINR 偏置

PDCCH SINR 偏置可以通过参数 NRDUCellPdcch.IblerPdcchSinrOffset 配置，该参数需要根据 PDSCH IBLER 目标值（NRDUCellPdsch.DlTargetIbler）进行配置。

- 小区内 PDSCH IBLER 目标值的配置值大于 10% 时：建议设置参数 NRDUCellPdcch.IblerPdcchSinrOffset 为较小值，参数 NRDUCellPdcch.IblerPdcchSinrOffset 设置值越小，gNodeB 会选择越大的 CCE 聚合级别。
- 小区内 PDSCH IBLER 目标值的配置值小于 10% 时：建议设置参数 NRDUCellPdcch.IblerPdcchSinrOffset 为较大值，参数 NRDUCellPdcch.IblerPdcchSinrOffset 设置值越大，gNodeB 会选择越小的 CCE 聚合级别。
- 小区内 PDSCH IBLER 目标值的配置值为 10% 时，建议设置参数 NRDUCellPdcch.IblerPdcchSinrOffset 为默认值，参数 NRDUCellPdcch.IblerPdcchSinrOffset 设置为默认值，对 gNodeB CCE 聚合级别的选择无影响。

小区内 PDSCH 的 IBLER（即下行初始误块率）的计算方法为

下行初始误块率 =DL-SCH 信道初传失败 TB 数 /DL-SCH 信道初传 TB 数。

5. PDCCH 上下行 CCE 资源配比

对于上行和下行同时有 DCI 传输的 slot，上下行可用的 CCE 资源比例支持固定配置和自适应配置。

（1）固定配置

可通过参数 NRDUCellPdcch.UlMaxCcePct 调整 PDCCH 上下行与 CCE 比例。参数取值越大，上行可用 CCE 比例越高，下行可用 CCE 比例越低，下行调度容易受限，甚至可能导致掉话；参数取值越小，上行可用 CCE 比例越低，下行可用 CCE 比例越高，上行调度容易受限，甚至可能导致掉话；

（2）自适应配置

在低频场景下，可以通过参数 NRDUCellPdcch.UlCceRatioUpperLimit 限制上下行 CCE 配比自适应调整的上行 CCE 配比上限，即自适应配置的上行 CCE 配比不会超过该参数的取值。该参数配置越小，上行 CCE 配比越小，下行 CCE 分配成功率提升，在 CCE 拥塞场景上行 CCE 分配成功率降低；该参数配置越大，上行 CCE 配比越大，下行 CCE 分配成功率降低，在 CCE 拥塞场景上行 CCE 分配成功率提升。

在 TDD 低频场景下，可以通过参数 NRDUCellPdcch.UlCcePctMaxAdjStep 限制上行 CCE 占比最大调整步长，即每次自适应调整的上行 CCE 配比不会超过该参数的取值。

6. 小结

PDCCH 上行 CCE 聚合级别的统计指标，可以在一定程度上表征用户所处的小区的位置以及当时的无线环境。例如，PDCCH 上行 CCE 聚合级别 1 表示 PDCCH 占用 1 个 CCE，常用于小区内近点用户信号质量通常较好的场景；聚合级别为 16 的 PDCCH，码率最低，解调性能最好，常用于小区边缘远点用户信号质量较差的场景。

例如，性能统计指标中，发现某小区一个统计周期（如 1h）内，PDCCH 上行 CCE 聚合级别的平均值较高，且 PDCCH 上行 CCE 聚合级别为 8/16 的占比超过一个阈值，则表面该小区有一部分用户所处的无线环境差，包括 RSRP 电平强度差或 SINR 质量差。

较高的 PDCCH 上行 CCE 聚合级别会导致 CCE 资源不足，引起 CCE 分配失败，影响业务使用。

2.1.2　基于 PDCCH 的覆盖性能判决

1.　NR TDD 网络上行覆盖性能分析

在 5G NR TDD 制式网络中，对下行链路，基站通过增大发射功率及配置多端口天线来弥补下行链路传播损耗，提升下行覆盖性能；但是在上行链路，UE 的发射功率、终端的天线端口配置相比基站侧有较大差距，在业务使用过程中，用户会先遇到由于上行覆盖性能受限而导致的业务使用感知降低的问题。

NR TDD 网络必然存在上行覆盖受限场景，中国移动 NR TDD 使用 n41 频段（2.6GHz），相比 n78 频段（3.5GHz）有一定的频谱优势，但是目前的 5G 终端暂不支持 n41 与 n3（1800MHz）频段的上行解耦，上行覆盖性能受限的问题不能得到 SUL 补充上行链路的增强。中国移动在与中国广电共建 n28 频段（700MHz）的 NR FDD 网络后，上行覆盖受限问题得到一定的改善，但是，当前的 5G 终端暂不支持 n41 与 n28 频段载波聚合，5G 终端只能选择驻留在 n41 频段，或切换至 n28 频段，不能同时驻留在两个频段，不能同时支持下行大带宽与上行强覆盖。对于不支持 n28 的 5G 终端，只能通过增强 n41 频段的上行覆盖性能来保证用户使用感知。

2.　相关统计指标采集

（1）上行丢包率

分时段采集，可采集周期为 60min，见表 2-2，也支持其他的采集时间间隔，如 15min、5min、1min；

对于上行丢包率统计而言，基站侧只需要统计 UE 侧发送的 PDCP 包的 SN 号，若存在不连续的则认为存在丢包，直接通过 PDCP 层丢包统计上行丢包率。例如，终端发送了 PDCP SN 为 1 ～ 5 的 5 个包，而基站侧仅收到 1/2/3/5 共 4 个包，则基站侧统计的上行丢包率为 20%。因此小区 PDCP 上行丢包率可表征小区上行丢包率。

表 2-2　NR 小区上行丢包率

开始时间	周期 / min	NRCELL	小区 PDCP 上行丢包率	PDCP 上行丢包率（5QI1）	PDCP 上行丢包率（5QI2）	PDCP 上行丢包率（5QI5）	PDCP 上行丢包率（5QI6）	PDCP 上行丢包率（5QI8）	PDCP 上行丢包率（5QI9）
****-**-**	60	A2_YZ（NSA）HRD_H-1	30.07%	0.2361%	0.0862%	0.0012%	0	0.0002%	0
****-**-**	60	A2_XH（NSA）HRD_H-2	29.90%	0	0	0	0.0001%	0.0001%	0
****-**-**	60	A2_XH（NSA）HRD_H-2	29.22%	0	0	0	0	0	0

（续）

开始时间	周期/min	NRCELL	小区PDCP上行丢包率	PDCP上行丢包率（5QI1）	PDCP上行丢包率（5QI2）	PDCP上行丢包率（5QI5）	PDCP上行丢包率（5QI6）	PDCP上行丢包率（5QI8）	PDCP上行丢包率（5QI9）
****-**-**	60	A2_JC（NSA）HRD_H-2	28.58%	0	0	0	0	0.0003%	0.0002%
****-**-**	60	A2_XH（NSA）HRD_H-2	26.85%	0	0	0.013%	0.001%	0	0.0001%
****-**-**	60	A2_YZ（NSA）HRD_H-3	26.80%	0	0	0.0019%	0	0	0.0001%

在 5G NR 中，5QI 是区分不同业务使用的 QoS 标识。表 2-2 中的 5QI=1 表示会话类语音业务，即 VoNR 业务；5QI=2 表示会话类视频业务，5QI=5 表示 VoNR 业务的信令，5QI=6/8/9 都是指视频类业务。

（2）不同聚集级别的 PDCCH 上行 DCI 分配成功总次数

分时段采集，可采集周期为 60min，见表 2-3，也支持其他的采集时间间隔，如 15min、5min、1min。

表 2-3　NR 小区不同聚集级别的 PDCCH 上行 DCI 分配成功总次数

NR小区标识	gNodeB 名称 1	聚集级别为1的PDCCH上行DCI分配成功总次数	聚集级别为2的PDCCH上行DCI分配成功总次数	聚集级别为4的PDCCH上行DCI分配成功总次数	聚集级别为8的PDCCH上行DCI分配成功总次数	聚集级别为16的PDCCH上行DCI分配成功总次数
3	A2_YZlac（NSA）HRD_H	0	280749	27354	23951	20598
2	A2_YZlac（NSA）HRD_H	0	2510577	92501	72535	177186
1	A2_YZlac（NSA）HRD_H	0	88379	8410	11085	2562
3	A2_XH（NSA）HRD_H	0	2694672	132440	151264	101080
2	A2_XH（NSA）HRD_H	0	510850	15185	11317	1079
1	A2_XH（NSA）HRD_H	0	2031061	101270	127087	129529

3. 上行覆盖性能判决准则

根据不同聚合级别的 PDCCH 上行 DCI 分配成功总次数，来判断 NR 小区 UE 所处的位置的上行覆盖性能。

（1）NR TDD 不同聚合级别的 PDCCH DCI 分配成功次数

NR 系统定义了 PDCCH 可使用的连续的 CCE 的个数为（1、2、4、8、16），这一个数又称为聚合级别。DCI 载荷越大，对应的 PDCCH 的聚合级别就越大。为了保证 PDCCH 的传输质量，无线信道质量越差，所需要的 PDCCH 聚合级别越大，则解调性能就越好，但是可能导致资源浪费。

NR TDD 小区根据信道质量等因素来确定某个 PDCCH 使用的聚合级别。例如，对小区边缘的 UE，应该使用 CCE 聚合级别较大的 PDCCH 格式，以资源换取解调性能；对小区中心的 UE，可以使用 CCE 聚合级别较小的 PDCCH 格式，以节省时频资源。

（2）NR TDD 不同聚合级别的 PDCCH 上行 DCI 分配成功次数

由于 PDCCH 下行 DCI 分配负载传送系统消息，为了保障传输质量，使用较大的 PDCCH 聚合级别。PDCCH 上行 DCI 聚合级别无须传输系统消息，只是通过 UE 当前的无线质量来决定使用不同的聚合级别，因此，不同聚合级别的 PDCCH 上行 DCI 分配成功次数可表征 UE 所处位置的无线信道质量。

当 UE 处于小区边缘或无线信道质量差时，为了保证 PDCCH 的传输质量，应该使用 CCE 聚合级别较大的 PDCCH 格式，以资源换取解调性能；对小区中心的 UE 可以使用 CCE 聚合级别较小的 PDCCH 格式，以节省时频资源。

4. 上行覆盖性能判决

筛选聚合级别较高的 PDCCH 上行 DCI 分配次数超过一个门限 T0 的 NR 小区，认定该小区部分用户驻留在上行覆盖受限场景。

筛选聚合级别为 8、16 的 PDCCH 上行 DCI 分配成功次数，见表 2-4，计算聚焦级别为 8、16 的 PDCCH 上行 DCI 分配成功次数所占全部 PDCCH 上行 DCI 分配成功总次数的比例。

如果该比例超过一个门限 T0，假设为 10%，则认定该 NR 小区下存在位置偏远或无线质量差的用户。

表 2-4　聚合级别为 8、聚合级别为 16 的 PDCCH 上行 DCI 分配成功次数所占比例

NR 小区标识	gNodeB 名称 1	聚合级别为 1 的 PDCCH 上行 DCI 分配成功总次数	聚合级别为 2 的 PDCCH 上行 DCI 分配成功总次数	聚合级别为 4 的 PDCCH 上行 DCI 分配成功总次数	聚合级别为 8 的 PDCCH 上行 DCI 分配成功总次数	聚合级别为 16 的 PDCCH 上行 DCI 分配成功总次数	聚合级别为 8、聚合级别为 16 的 PDCCH 上行 DCI 分配成功次数所占比例
3	A2_YZlac（NSA）HRD_H	0	280749	27354	23951	20598	12.6%
2	A2_YZlac（NSA）HRD_H	0	2510577	92501	72535	177186	8.8%
1	A2_YZlac（NSA）HRD_H	0	88379	8410	11085	2562	12.4%
3	A2_XH（NSA）HRD_H	0	2694672	132440	151264	101080	8.2%
2	A2_XH（NSA）HRD_H	0	510850	15185	11317	1079	2.3%
1	A2_XH（NSA）HRD_H	0	2031061	101270	127087	129529	10.7%
1	A2_XD（NSA）HRD_H	0	271561	8999	22647	19166	13.0%
3	A2_YZ（NSA）HRD_H	0	18191	1541	3927	137	17.1%
2	A2_YZ（NSA）HRD_H	0	858663	13977	29818	2835	3.6%
1	A2_YZ（NSA）HRD_H	0	839844	14362	22610	3332	2.9%

上行覆盖性能的优化，可结合上行丢包率、NR 小区不同聚合级别的 PDCCH 上行 DCI 分配成功率，来综合判断 NR 小区 UE 所处的位置以及无线质量。

2.2 NR TDD/FDD 覆盖性能评估

2.2.1 NR TDD/FDD 组网的覆盖评估

1. NR TDD 上行增强技术

5G 网络 NR TDD 制式使用大带宽、高频段组网，其高频段的特征会导致 5G 无线信号损耗大。在下行链路，基站通过增大发射功率、配置多端口天线来弥补下行链路传播损耗，提升下行覆盖性能；但是在上行链路，UE 的发射功率、终端的天线端口配置相比基站侧有较大差距，在业务使用过程中，用户会先遇到由于上行覆盖性能受限而导致的业务使用不畅的问题。

中国联通 / 中国电信 NR TDD 使用 n78 频段（3.5GHz），针对上行覆盖受限的问题启用了 SUL 来增强上行链路的覆盖性能。目前 3GPP 规范中主流的 SUL 上行增强技术主要是针对 n78（3.5GHz），中国移动 NR TDD 使用 n41 频段（2.6GHz），相比 n78 频段（3.5GHz）有一定的频谱优势，但是由于终端对 SUL（n41＋n3）支持比例较低，其上行覆盖性能受限的问题不能得到 SUL 补充上行链路的增强。

NR TDD 系统 n78 频段（3.5GHz）的上行覆盖受限的情况非常明显，按照常规配置，n78 频段上行发射功率为 200mW，下行发射功率为 120W，载波带宽设置为 100MHz，上下行时隙配比为 DL∶UL＝3∶1，通过链路预算，上行链路在上传速率为 1Mbit/s 时相比下行链路下载速率为 10Mbit/s 的覆盖性能有 13.7dB 的差距，如图 2-3 所示。

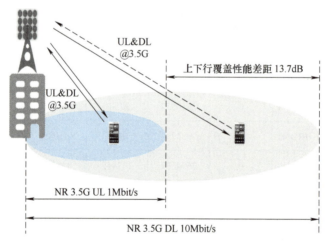

图 2-3　NR TDD n78 频段（3.5GHz）上下行链路覆盖性能差距

目前 5G 网络上行增强技术 SUL 支持的主流 NR TDD 频段见表 2-5，可以看到主要是 n78、n79 频段，不包括中国移动的 NR TDD 频段 n41（2.6GHz）

表 2-5　5G 网络上行增强技术 SUL 支持的主流 NR TDD 频段

双工模式	频段编号	频率范围 /MHz
NR TDD	n77	3.3 ～ 4.2
	n78	3.3 ～ 3.8
	n79	4.4 ～ 5.0

5G 网络上行增强 SUL 可选择的上行频段见表 2-6。

表 2-6　5G 网络上行增强技术 SUL 支持的上行频段

双工模式	频段编号	频段	频率范围 /MHz
NR SUL	n80	1800M	1710 ～ 1785
	n81	900M	880 ～ 915
	n82	800M	832 ～ 862
	n83	700M	703 ～ 748
	n84	2100M	1920 ～ 1980

NR TDD 网络 n41 频段的上行增强在网络侧可配置相应频段的 SUL，但是受限于终端支持率，目前上行覆盖性能不足的问题是通过新增 NR FDD n28 频段（700MHz）来解决的。但是，新的问题是：目前的 5G 网络侧与 5G 终端，暂时不支持 n41 与 n28 频段载波聚合，因此，5G 终端只能选择驻留在 n41 频段，或切换至 n28 频段，不能同时驻留在两个频段，不能支持兼顾下行大带宽与上行强覆盖。此外，对于不支持 n28 的 5G 终端，只能通过增强 n41 频段的上行覆盖性能来保证用户使用感知。

2. 上行增强技术综合分析

1）5G 网络建设初期，网络规划工程师更关注 5G 网络下行覆盖性能，由于中国移动使用 NR TDD n41 频段，相比竞对运营商有一定的频谱优势，易忽略上行覆盖受限的问题。

即便相对于竞对运营商 NR TDD 的 n78 频段，n41 频段有一定的频谱优势，但是，从链路预算的计算可知，NR TDD n41 频段的下行链路最大传播损耗超过上行链路，即上行覆盖性能劣于下行覆盖性能，用户在业务使用过程中可能会遇到由于上行覆盖受限而影响使用感知的问题。

2）目前 NR TDD n41 频段一般通过 OMC 的 5G 终端 RRC 接入时的电平强度来判断上行覆盖性能，但是只能判决接入过程中 5G 终端上报的电平强度，并不能反映业务使用过程的上行覆盖性能。

NR TDD 网络也通过 OMC 统计指标（如上行 PRB 电平强度均值、最大值、最小值）来评估上行覆盖性能，但是上述指标是针对 5G 用户在业务使用过程中的统计值，并进行小区级汇总，不能准确反映上行覆盖性能。

3. 基于 NR FDD 信令的 NR TDD 上行覆盖性能判决

在 NR FDD 与 NR TDD 混合组网的情况下，可以通过 NR FDD 的信令数据来判决 NR TDD 的上行覆盖性能。具体而言，使用无线运维工作台监测 5G 核心网信令以及无线网络 MR、MDT 采样点，对接入 n28 频段的 5G 用户进行信令解析，筛选出 5G 用户中那些切换入 n28 频段且 RSRP 超过一个阈值的 MR 采样点，通过 MDT 的经纬度信息标识采样点，定位 NR TDD 网络的上行覆盖性能受限的区域。

（1）无线运维工作台收集数据

无线运维工作台采集 5G 网络 AMF、UPF 信令监测数据。无线运维工作台连接 5G 无线接入网 RAN、5G 核心网 AMF、UPF，监测 N1、N2、N3 接口信令及数据流，如图 2-4 所示。

无线运维工作台采集 n28 频段 5G 小区 MR、MDT 采样点，以及测量报告中携带的异频频点及 RSRP，包括：5G 小区频点、RSRP 值、邻区频点及 RSRP。MDT 数据为携带经纬度信息的 MR 采样点，同样包括 5G 小区频点、RSRP 值，邻区频点及 RSRP，以及测量报告中携带的异频频点及 RSRP。

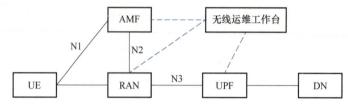

图 2-4　无线运维工作台连接网元及监测接口示意图

（2）AMF、UPF 信令数据分析

通过 5G 网络 AMF、UPF 信令监测数据，筛选 n28 频段所有 5G 小区下接入的 5G UE。检查 5G UE 接入 5G 网络的方式，因为 n28 频段在 5G 网络有频谱优势，覆盖性能优于其他频段，其接入优先级设置为 5G 网络最低，若发现 5G UE 通过 RRC 连接建立接入 5G 网络，则表明 n41 频段下行覆盖受限。若确认 5G UE 接入 5G 网络为切换入，则表明切换前的 5G 网络出现覆盖受限、质量变差等。

（3）判决 UE 切换前 n41 频段的无线环境

采集 5G UE 切换入 n28 频段的时间点，n28 频段 5G 小区的 MR、MDT 采样点，以及异频频点和 RSRP；同时，采集 n28 频段 5G 小区的 MR 采样点，筛选其邻区异频为 n41 频段的 MR 采样点。

结合 5G UE 切换入 n28 频段的时间点，提取 n28 频段 5G 小区的 MDT 采样点中的经纬度信息，计算 5G UE 的位置移动速度。

判决 5G UE 位置移动速度，如低于一个门限，表明 5G UE 位置移动小，其目前所处区域可表征切换前 n41 频段的无线环境。

（4）判决 n41 频段上行覆盖性能

筛选 n28 频段 5G 小区的 MR 采样点异频频点为 n41 频段的采样点及 RSRP 值。判决异频为 n41 的 MR 采样点 RSRP 超过一个阈值，如果 RSRP 大于 −100dBm，则表明 n41 频段下行覆盖不受限，上行覆盖受限。提取 MR 采样点对应的 MDT 采样点的经纬度信息，所有筛选出的 MR 采样点对应的范围即 NR TDD n41 小区上行覆盖受限的范围。

（5）优化解决措施

定期更新 5G 终端数据库，识别 5G 终端支持频段等信息，对存在 n41 频段上行覆盖受限，且不支持 n28 频段的 5G 终端占比较高的 n41 频段小区进行天馈优化，5G 新增站点规划。

定期更新 5G 终端数据库，识别 5G 终端支持频段信息，通过无线运维工作台对 5G n28 频段小区进行信令监测，并采集 MR、MDT 数据。

对发现有 NR TDD n41 频段上行覆盖性能受限，且不支持 n28 频段的 5G 终端占比较高的 n41 频段小区进行天馈优化，此类小区只能通过增强小区自身的上行覆盖来保证用户使用感知，必要时需考虑新建 n41 基站来增强上行覆盖性能。

4. 小结

在 NR TDD 与 NR FDD 混合组网，且 NR TDD 不支持 SUL 上行增强的情况下，可考虑基于 NR FDD 的信令及统计数据来判决 NR TDD 的上行覆盖性能。本章涉及的判决方法突破传统的通过 OMC 统计来评估 NR TDD 小区上行覆盖性能的方法，通过 n28 频段接入 5G 用户的信令监测数据，可准确定位 NR TDD 小区是否存在上行覆盖受限的情况。

依托无线运维工作台，采集 5G UE 切换入 n28 频段的时间点，5G 小区的 MR、MDT 采样点以及异频频点及 RSRP，通过 MDT 采样点判决 5G UE 位置移动速度，定位可表征 UE 切换前所在 n41 频段的无线环境。通过 n28 频段 5G 小区的 MR 采样点异频频点及 RSRP，筛选异频为 n41 的 MR 采样点 RSRP，来判决 n41 频段下行覆盖不受限，上行覆盖受限，MR 采样点对应的范围即 NR TDD n41 小区上行覆盖受限的范围。

2.2.2　NR 网络上行覆盖性能增强分析

1. NR 系统上行波形

5G 网络 NR TDD 制式的下行链路，基站通过增大发射功率及配置多端口天线来弥补下行链路传播损耗，提升下行覆盖性能；但是在上行链路，UE 的发射功率、终端的天线端口配置相比基站侧有较大差距，在业务使用过程中，用户会先遇到由于上行覆盖性能受限而导致的业务使用感知降低。目前 3GPP 规范给出的网络侧上行增强方案包括上行解耦（SUL）和载波聚合（CA），但是，这两种上行增强方案的终端渗透率较低；在终端侧，可使用波形自适应的方法进行上行覆盖性能增强。

NR 系统中物理上行共享信道 PUSCH 传输预编码时可产生两种波形，分别为循环前缀正交频分复用（Cyclic Prefix-Orthogonal Frequency Division Multiplexing，CP-OFDM）波形和离散傅里叶变换扩展正交频分复用（Discrete Fourier Transform-Spread OFDM，DFT-s-OFDM）波形。NR 系统默认支持的终端侧上行波形是 CP-OFDM，3GPP Rel 16 新增的 Power Class 1.5（29dBm）支持的上行波形是 DFT-s-OFDM。在上行覆盖受限区域，当采用 QPSK 传输数据时，DFT-s-OFDM 相对于 CP-OFDM 可使用更高的发射功率。3GPP Rel 16 新增 Power Class 1.5（29dBm），可适配 n41 频段，即终端可以增大发射功率，由 Power Class 3 的 23dBm 增加到 Power Class 1.5 的 29dBm，见表 2-7。

表 2-7　3GPP Rel 16 终端功率等级

NR band	Class 1 （dBm）	Tolerance （dB）	Class 1.5 （dBm）	Tolerance （dB）	Class 2 （dBm）	Tolerance （dB）	Class 3 （dBm）
n1							23
n2							23
n3							23
n5							23
n7							23
n8							23
n12							23
n14	31[6]	+2/−3					23
n18							23
n28							23
n30							23

（续）

NR band	Class 1 (dBm)	Tolerance (dB)	Class 1.5 (dBm)	Tolerance (dB)	Class 2 (dBm)	Tolerance (dB)	Class 3 (dBm)
n34							23
n38							23
n39							23
n40					26	+2/−3	23
n41			29[5]	+2/−3[3]	26	+2/−3[3]	23
n47							23
n71							23
n74							23
n77					26	+2/−3	23
n78					26	+2/−3	23
n79					26	+2/−3	23
n80							23
n81							23

NR 系统两种上行波形 CP-OFDM 和 DFT-s-OFDM 区别如下。

（1）CP-OFDM 波形

1）支持上行 2 Layer。

2）可支持不连续 RB 分配。

3）峰均比 PAPR 较高，UE 最大发射功率较低。

（2）DFT-s-OFDM 波形

1）仅支持上行 1 Layer。

2）仅支持连续 RB 分配。

PAPR 和 MPR 较小，在远点可以允许相比 CP-OFDM 更高的发射功率。

2. RRC 重配置消息选择上行波形

可以发现，CP-OFDM 波形适合于上行覆盖性能较强的场景，可支持上行 2 流，吞吐率更高。DFT-s-OFDM 波形适合于上行覆盖性能受限场景，支持上行 1 流，吞吐率低，而且在上行覆盖性能弱的区域使用更高的发射功率。

NR 系统通过 RRC 重配置消息选择终端使用的上行波形，如图 2-5 所示。

RRC 重配置消息中，携带 PUSCH-Config 的通知，指示"CP-OFDM transformPrecoder = disabled"，即关闭 CP-OFDM 波形；指示"DFT-s-OFDM transformPrecoder = enabled"，即启动 DFT-s-OFDM 波形。

3. 上行波形切换

NR 上行 CP-OFDM 波形向 DFT-s-OFDM 波形的切换机制是基于 SRS SINR，如图 2-6 所示，CP-OFDM 波形向 DFT-s-OFDM 波形的切换判决的门限默认为 SRS SINR=3.2dB，迟滞为 +/−2dB，即：

SRS SINR>5.2dB 时，上行波形切换至 CP-OFDM；SRS SINR<1.2dB 时，上行波形切换至 DFT-s-OFDM。

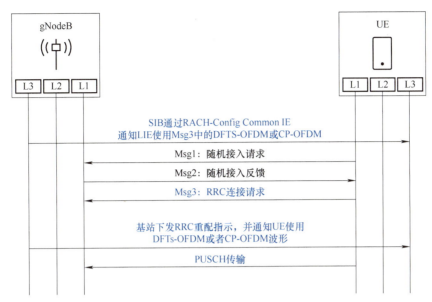

图 2-5　NR 系统通过 RRC 重配置消息选择终端使用的上行波形

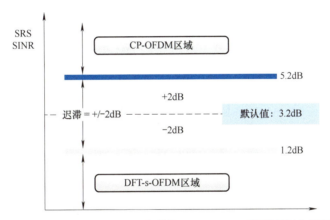

图 2-6　NR 系统 CP-OFDM 波形向 DFT-s-OFDM 波形的切换机制

　　上述 NR 网络上行波形切换方法，即上行波形 CP-OFDM 波形向 DFT-s-OFDM 波形的切换机制存在一定的不足。

　　NR 网络上行波形切换方法是依据 SRS SINR 值来进行判断，并没有考虑终端在当前小区的覆盖性能，尤其是终端所处位置的上行覆盖性能，而触发上行波形 CP-OFDM 向 DFT-s-OFDM 波形切换的主要原因是终端所处位置的覆盖性能差，从而导致上行覆盖性能差，需要终端提升发射功率。

　　NR 网络上行波形切换方法并没有考虑终端在当前所处位置的业务需求，即终端所需要的无线带宽，如终端正在进行无线吞吐率低的业务、即时消息类业务、语音类业务等，如果终端在上行覆盖性能弱的位置，则需要更高的发射功率来保证业务使用感知。

4. 上行覆盖性能增强的方法

　　针对传统 NR 系统上行波形切换的不足，设计了一种基于上行覆盖性能及业务吞吐率的 NR 上行波形切换方法，通过 NR 系统性能统计定位到存在上行覆盖性能不足的 NR TDD 小区；采集终端上报的表征上行覆盖性能的测量值，判决终端当前所处位置的上行覆盖性能；采集终端上报的表征业务吞吐率的统计值，判决终端当前使用业务的无线速率要求；如果终端当前使用业务的无线速率要求低于阈值 $T3$，则触发 NR 上行波形 CP-OFDM 波形向 DFT-s-OFDM 波形的切换，达到上行覆盖性能增强的目标。

（1）性能统计分析

通过 NR 系统性能统计定位到上行覆盖性能不足的 NR TDD 小区。采集不同聚合级别的 PDCCH 上行 DCI 分配成功总次数表征 NR TDD 小区是否存在上行覆盖性能不足的问题，即该 NR 小区有部分终端所处位置上行覆盖性能差。

由于 PDCCH 下行 DCI 分配负载传送系统消息，为了保障传输质量，使用较大的 PDCCH 聚合级别。PDCCH 上行 DCI 聚合级别不需传输系统消息，只是通过 UE 当前的无线质量来决定使用不同的聚合级别，因此，PDCCH 上行 DCI 分配成功次数可表征 UE 所处位置的无线信道质量。

UE 处于小区边缘或上行覆盖性能差，为了保证 PDCCH 的传输质量，所需要的 PDCCH 的聚合级别也会越大。对小区边缘的 UE 应该使用 CCE 聚合级别较大的 PDCCH 格式，以资源换取解调性能；对小区中心的 UE 可以使用 CCE 聚合级别较小的 PDCCH 格式，以节省时频资源。

（2）判决终端当前所处位置的上行覆盖性能

采集终端上报的表征上行覆盖性能的测量值，判决终端当前所处位置的上行覆盖性能。通过 5G 终端接入网络时的 RRC 连接请求携带的 DM-RS 参考信号来判决该终端当前所处位置的上行覆盖性能是否不足。

5G 终端接入 NR TDD 网络时，基站侧 gNodeB 检测到 PUSCH 信道的解调参考信号，即 RRC 连接请求携带的 DM-RS。如果 DM-RS RSRP 小于预设的阈值 $T2$，则判决该终端当前所处位置的上行覆盖性能不足。

解调参考信号（Demodulation Reference Signal，DM-RS）是在相关信道的部分时频资源上发送解调信号，用于对该信道数据的解调。

5G 终端的 RRC 连接请求是通过 PUSCH 信道发送的，因此，基站 gNodeB 检测到 PUSCH 信道的解调参考信号，即 RRC 连接请求携带的 DM-RS 参考信号，判决该终端是否处于弱覆盖场景。

对于 RRC 连接请求，即 MSG3（消息 3），相应的 MSG 举例如下。

1）MSG1-：终端发起随机接入请求，使用 PRACH 信道。

2）MSG2-RAR：基站对终端的随机接入请求给予回应，通过下行信道 PDCCH、PDSCH 下发给终端。

3）MSG3-PUSCH：终端向基站发送 RRC 接入请求，占用 PUSCH 信道。

4）MSG4-PDCCH with UL Grant：基站对终端的接入请求给予确认，占用下行 PDCCH 信道。

5）MSG5-PUSCH：终端请求接入结束，占用上行 PUSCH 信道。可设置阈值 $T2=-110dBm$，gNodeB 检测到 PUSCH 信道的解调参考信号。如果 RRC 连接请求携带的 DM-RS RSRP 低于阈值 $T2$，则判决终端当前所处位置的上行覆盖性能不足。

（3）判决终端当前使用业务的无线速率

采集终端上报的表征业务吞吐率的统计值，判决终端当前使用业务的无线速率要求。

基站采集并计算 UE 终端驻留在 NR 小区的一定时间间隔 $t1$ 的上行 RLC 业务字节数；

$t1$ 不同于小区统计报告中常用的时间计量单位，基站侧采集并计算每一个 UE 终端的一定时间间隔的上行 RLC 业务字节数，可考虑设置为 5s（可根据实际情况调整设置为 1s、5s、10s）。

计算 UE 在 NR 小区的上行 RLC 吞吐率：可根据设定的时间间隔 $t1$，以及 $t1$ 间隔的上行 RLC 业务字节数计算得出。

判决终端当前使用业务的无线速率要求，即在时间间隔 $t1$ 内，终端在当前所处位置使用业务的上行 RLC 吞吐率，是否低于上行吞吐率阈值 $T3$，可设置为 1Mbit/s（可根据实际情况设置）。

如果上行 RLC 吞吐率 < 上行吞吐率阈值 $T3$，则判决终端在当前所处位置使用业务的无线速率要求低；如果上行 RLC 吞吐率 > 上行吞吐率阈值 $T3$，则判决终端在当前所处位置使用业务的无线速率要求高。

（4）触发 NR 上行波形切换提升上行覆盖性能

如果终端当前所处位置的上行覆盖性能低于阈值 $T2$，启动定时器 Timer_1，定时器未超时前，判决终端当前使用业务的无线速率要求低于阈值 $T3$，则触发 NR 上行波形 CP-OFDM 波形向 DFT-s-OFDM 波形的切换。

如果终端当前所处位置的上行覆盖性能低于阈值 $T2$，启动定时器 Timer_1，定时器未超时前，判决终端当前使用业务的无线速率要求是否低于阈值 $T3$。

如果终端当前使用业务的无线速率要求低于阈值 $T3$，则触发 NR 上行波形 CP-OFDM 波形向 DFT-s-OFDM 波形的切换；如果终端当前使用业务的无线速率要求高于阈值 $T3$，则等待定时器 Timer_1 超时后，触发 NR 上行波形 CP-OFDM 波形向 DFT-s-OFDM 波形的切换；如果终端当前位置的上行覆盖性能高于阈值 $T2$，则触发 NR 上行波形 DFT-s-OFDM 向 CP-OFDM 波形的切换。

在新的测量周期，如果终端当前所处位置的表征上行覆盖性能的 DM-RS RSRP > 预设的阈值 $T2$，且超过一个预设定时器 Timer_2 后，则判决该终端当前所处位置的上行覆盖性能较好，触发 NR 上行波形 DFT-s-OFDM 向 CP-OFDM 波形的切换。

5. 小结

针对传统 NR 系统上行波形切换的不足而设计的触发 NR 上行波形切换来提升上行覆盖性能的方法，可以及时发现 NR TDD 小区是否存在上行覆盖性能不足的情况，对存在上行覆盖性能不足的小区采用新的 NR 上行波形切换判决方法，更好地保证用户使用感知。

此外，可根据终端实时上报的测量值，来判决终端当前所处位置的上行覆盖性能，更准确地表征终端当前的无线环境以及判决终端是否需要从当前使用的上行波形切换至另一上行波形。可根据终端上报的表征业务吞吐率的统计值，判决终端当前使用业务的无线速率要求，更准确地表征终端当前使用的业务特征及无线速率带宽需求，从而判决 NR 上行波形的切换。

第 3 章
NR 网络容量性能的均衡与调度

在 NR 网络已完成规模建设后，回看 LTE 网络的 20MHz 频点带宽，会觉得 LTE 天然就存在容量不足，由此来看，LTE 网络 FDD 与 TDD 混合组网、TDD 多频点组网，以及应对潮汐业务需求的 LTE 载波调度、License 调度都是顺理成章的。其实，LTE 的载波带宽从 UTMS 的 5MHz 拓展到 20MHz 后，提供了充足的无线传输带宽，极大地刺激了智能终端的应用，几乎是一夜之间，移动支付、共享单车非常顺滑地融入日常生活中。

世界上绝大多数移动运营商部署 LTE 网络时选择 FDD 制式，常见的 LTE FDD 频段有 Band1、Band3、Band5、Band8。一部分运营商选择 TDD 制式的 LTE 网络，常见的 LTE TDD 频段有 Band38、Band39、Band40、Band41。TDD 制式可以灵活配置上下行时隙，可以根据 PS 业务不对称的业务模式，选择不对称的上下行时隙配置，相比 FDD 制式有更高的频谱效率。

LTE 网络由于受限于频点带宽，在一些热点区域需配置多个 LTE 频点。频谱资源丰富的运营商在 LTE 网络会部署载波调度来应对潮汐类的业务需求。载波调度是负载均衡的一种优化模式，可以设置成对的载波调度，比如固定时段，载波由 A 处调度至 B 处；也可以设置为载波池的方式，实际上是 License 池，在有业务需求的范围，可以灵活配置多个 LTE 载波来扩大容量，承载更多的业务。

LTE 升级至 NR 后，频点带宽由 20MHz 扩展到 FR1 频段的 100MHz，甚至到 FR2 频段的 400MHz，下行无线峰值速率由 TD-LTE 的 110Mbit/s 提升至 1.4Gbit/s。由于 NR 频点带宽大，运营商获得的频谱资源有限，LTE 网络的载波调度在 NR 网络已不再适用。NR 网络应对热点业务需求的优化模式可以考虑载波聚合，载波聚合可以使用频段内、频段间、FDD 与 TDD 间载波聚合，未来可以考虑高频（FR2）、低频（FR1）之间的载波聚合。

目前国内运营商的载波聚合方案可以考虑 n41 100MHz+n41 60MHz+n79 100MHz，或者 n1 20MHz+n78 200MHz，几个省的 3CC 试点测试表明，峰值下载速率可以达到 4.5Gbit/s 左右。

载波聚合不应该狭义地理解为是把几个 NR 载波捆绑起来使用，实际上，载波聚合是 NR 网络的一种资源分配、负载均衡的优化方法，可考虑下行 CA、上行 CA、PDCCH 资源池化等模式。载波聚合的关键技术还包括：CA SRS 载波轮发提升辅载波吞吐率、MBSC Single DCI 资源共享实现 PDCCH 资源池化、智能多载波寻优保障大上行感知速率。

3.1　业务信道时频域资源分配

3.1.1　PDSCH 及相关信号时频域资源分配

1. 下行调度

下行调度的基本流程包括：用户数据请求会作为调度器的输入，用户调度结果会作为调度器的输出，详情请参见 3GPP TS 38.214 V15.4.0 中的 5 Physical downlink shared channel related procedures。

下行调度器为 UE 分配下行物理共享信道 PDSCH（Physical Downlink Shared Channel）上的资源，并选择合适的 MCS 用于系统消息或用户数据的传输，其功能如下。

1）为 UE 分配 PDSCH 上的时频域资源。

2）为 UE 分配 DMRS（Demodulation Reference Signal）资源，以便 UE 进行 PDSCH 的解调。

3）为 UE 选择合适的 MCS 用于 PDSCH 信道上数据的传输。

下行调度器的输入信息与输出信息描述如下。

（1）用户数据请求

RLC（Radio Link Control）数据缓存状态：RLC 缓存中的数据量，指示用户待调度的数据量。

HARQ（Hybrid Automatic Repeat Request）反馈状态：包括 ACK（Acknowledgement）、NACK（Negative Acknowledgement）和 DTX（Discontinuous Transmission），指示用户初传数据和重传数据的传输正确性。

（2）用户调度结果

PDSCH 时频域资源：调度器给 UE 分配的 PDSCH 时域资源和频域资源。

DMRS 资源：调度器给 UE 分配的 DMRS 资源。

MCS：调度器为每个调度成功的 UE 指示的调制编码方式。

RANK：调度器为每个调度成功的 UE 指示 RANK。

2. PDSCH 时频域资源

PDSCH 时频域资源包括 PDSCH 时域资源和 PDSCH 频域资源。分配 PDSCH 时频域资源是指给用户分配合适的资源大小和资源位置。

3GPP TS 38.214 V15.4.0 中的 5.1.2.2 Resource allocation in frequency domain 规定了 type 0 和 type 1 两种资源分配方式。type 0 是 RBG 粒度的分配方式，支持非连续分配和连续分配；type 1 是 RB 粒度的分配方式，仅支持连续分配。

当前用户级控制面信息和数据面信息默认采用 type 0 分配方式。以一个 RBG 包括 4 个 RB 为例，同样都是调度器给 UE1 分配了 1 个 RBG，给 UE2 分配了 2 个 RBG，给 UE3 分配了 1 个 RBG。type 0 非连续分配方式如图 3-1 所示。

type 0 连续分配方式如图 3-2 所示。

当前公共控制信息的资源分配采用 type 1 连续分配方式，如图 3-3 所示，调度器给 UE1 分配了 4 个 RB，给 UE2 分配了 8 个 RB，给 UE3 分配了 4 个 RB。

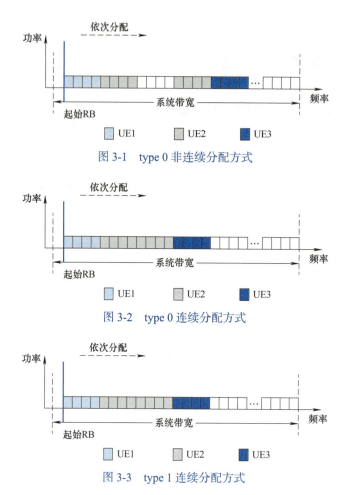

图 3-1　type 0 非连续分配方式

图 3-2　type 0 连续分配方式

图 3-3　type 1 连续分配方式

调度器需要为 UE 指示调度所在 slot，以及该 slot 内调度的 OFDM 符号的起止位置。PDSCH 时域资源分配方式按照起始符号位置和调度长度的不同组合，可以分为 Type A 和 Type B 两种类型。

3. 解调信号 DMRS 资源分配

DMRS 资源分配是为了 UE 实现下行 PDSCH 资源的解调。3GPP TS 38.211 V15.4.0 中的 7.4.1 Reference signals 描述了 PDSCH DMRS 的相关定义，包括时域上定义 DMRS 符号、频域上定义 DMRS 配置类型。

（1）DMRS 符号

前置 DMRS 符号数：协议支持 1 个或 2 个符号。前置 DMRS 位置数：支持 1 个前置 DMRS 位置数。

当参数 NRDUCellPdsch.DlDmrsMaxLength 配置为"1SYMBOL"时，下行前置 DMRS 以 DMRS 开销最小化为原则，占 1 个符号。当参数 NRDUCellPdsch.DlDmrsMaxLength 配置为"2SYMBOL"时，下行前置 DMRS 以用户体验优先为原则，自适应选择占 1 个符号还是占 2 个符号。

DMRS 位置数与符号数不是等价的关系，位置数是指 DMRS 有几个可用位置，符号数则是指一个 DMRS 位置占几个符号。若为 1 符号 DMRS，则一个 DMRS 位置占 1 个符号；若为 2 符号 DMRS，则一个 DMRS 位置占 2 个符号。

在 NR（TDD）低频场景，下行 MU-MIMO 开关打开时，引入下行基于负载的附加 DMRS 位置数自适应功能。下行基于负载的附加 DMRS 位置数自适应功能开启后，当小区中待调度用户数较多时，下行附加 DMRS 位置数无法自适应，始终保持 pos1 配置，以保证 MU-MIMO 用户配对性能；当小区中待调度用户数较少时，下行附加 DMRS 位置数在 pos0 和 pos1 中自适应选择。

（2）DMRS 配置类型

DMRS 的配置类型由参数 NRDUCellPdsch.DlDmrsConfigType 来确定，支持配置为 "TYPE1" "TYPE2" 和 "TYPE_ADAPTIVE"。

当参数 NRDUCellPdsch.DlDmrsConfigType 配置为 "TYPE1" 时，DMRS 示意图如图 3-4 所示。

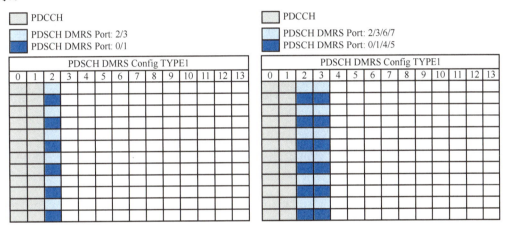

图 3-4   PDSCH DMRS TYPE1

以 Type A PDSCH 的前置 DMRS 为例说明，DMRS TYPE1 下，根据 3GPP TS 38.211 V15.6.0 中的 Table 7.4.1.1.2-1：Parameters for PDSCH DM-RS configuration type 1 定义，CDM group 有 2 组。

第 1 组 CDM group 0 指的是深蓝色所示 DMRS RE，对应的 DMRS Port 为：0/1（前置 DMRS 为 1 符号），0/1/4/5（前置 DMRS 为 2 符号）。

第 2 组 CDM group 1 指的是浅蓝色所示 DMRS RE，对应的 DMRS Port 为：2/3（前置 DMRS 为 1 符号），2/3/6/7（前置 DMRS 为 2 符号）。

3.1.2   PUSCH 及相关信号时频域资源分配

1. 上行调度

上行调度的基本流程包括用户数据请求会作为调度器的输入，用户调度结果会作为调度器的输出，详情请参见 3GPP TS 38.214 V15.4.0 中的 6 Physical uplink shared channel related procedures。

上行调度器为 UE 分配上行物理共享信道 PUSCH（Physical Uplink Shared Channel）上的资源，并选择合适的 MCS 用于用户数据的传输，其功能如下。

1）为 UE 分配 PUSCH 上的时频域资源。

2）为 UE 分配 DMRS 资源，以便 gNodeB 进行 PUSCH 的解调。

3）为 UE 选择合适的 MCS 用于用户数据的传输。

上行调度器的输入信息与输出信息描述如下。

（1）用户数据请求

SRI（Scheduling Request Indicator）：UE 通过 PUCCH（Physical Uplink Control Channel）告知 gNodeB 有上行数据需要发送，调度器据此为 UE 分配 PUSCH 时频域资源。

BSR（Buffer Status Report）：UE 向调度器发送的上行数据缓冲区中数据量大小。UE 根据 BSR 周期定时器 periodicBSR-Timer 周期性地发送 BSR，BSR 周期定时器的时长通过参数 NRDUCellPusch.PeriodicBsrTimer 配置。BSR 周期定时器超时时，UE 触发 BSR 上报；UE 发送 BSR 后，BSR 周期定时器重启。仅低频场景支持配置 BSR 周期定时器的时长，高频场景不支持。关于 periodicBSR-Timer 的详细描述请参见 3GPP TS 38.321 V15.9.0 和 3GPP TS 38.331 V15.9.0。

HARQ 反馈状态：HARQ 反馈状态包括 ACK、NACK，指示用户初传数据和重传数据的传输正确性。

（2）用户调度结果

PUSCH 时频域资源：调度器给 UE 分配的 PUSCH 时频域资源，包括时域资源和频域资源。

DMRS 资源：调度器给 UE 分配的 DMRS 资源范围。

MCS：调度器为每个调度成功的 UE 指示的调制编码方式。

2. 确定用户调度类型

上行调度器在调度数据前，需要确定用户的调度类型，用户的调度类型包括初传调度和重传调度。初传调度是指数据块的初次调度，重传调度是指数据块的再次调度。

调度器通过如下任意一种方式触发上行初传调度。

1）gNodeB 收到用户的 SRI，此时调度器认为有新的数据需要传输。

2）gNodeB 通过预调度的方式主动调度用户上行数据。

为了优先保障快掉话用户和正在接入用户的 SRI 得到调度，引入 SR 智能调度功能，SR 智能调度功能开启后，gNodeB 会调整用户 SRI 请求的调度顺序，按照"快掉话用户的 SRI＞小区正在接入用户的 SRI＞其他用户的 SRI"的调度优先级顺序调度用户的 SRI。

3. 调度用户

gNodeB 确定了用户的调度类型后，会根据用户的调度类型来进行调度。

（1）初传调度

上行初传调度根据 EPF 算法，对多个有上行数据传输请求的用户进行优先级排序，根据 EPF 优先级从高到低依次调度。

（2）重传调度

上行重传调度为异步自适应 HARQ 重传。HARQ 重传时，系统可以自适应选择 MCS，TBS 与初传的 TBS 相同。上行传输次数达到 HARQ 最大传输次数后，停止上行 HARQ 重传。

4. PUSCH 时频域资源

PUSCH 时频域资源包括 PUSCH 时域资源和 PUSCH 频域资源。

（1）当 PUCCH 配置为长格式时

PUSCH 时域资源为去除 SRS 和 DMRS 已使用的 OFDM 符号后剩余的 OFDM 符号，如图 3-5 所示。

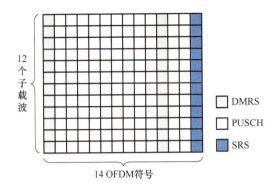

图 3-5　PUSCH 时域资源（PUCCH 配置为长格式时）

PUSCH 频域资源为去除长格式 PUCCH 和 PRACH 已使用的 RB 资源后剩余的 RB 资源，如图 3-6 所示。

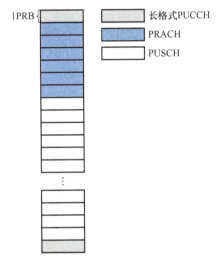

图 3-6　PUSCH 频域资源（PUCCH 配置为长格式时）

（2）当 PUCCH 配置为短格式时

PUSCH 时域资源分配：当 PUSCH 共享 PUCCH 符号资源功能关闭时，PUSCH 不能共享 PUCCH 的符号资源。PUSCH 时域资源为去除短格式 PUCCH、SRS 和 DMRS 已使用的 OFDM 符号后剩余的 OFDM 符号，在低频场景中，以短格式 PUCCH 占 1 个符号为例，低频时域资源如图 3-7 所示。

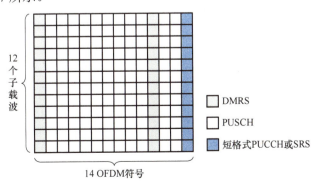

图 3-7　PUSCH 时域资源（PUCCH 配置为短格式时）

PUSCH 频域资源为去除 PRACH 已使用的 RB 资源后剩余的 RB 资源，如图 3-8 所示。

5. PUSCH 时频域资源分配

分配 PUSCH 资源是指给用户分配合适的资源大小和资源位置。

（1）确定资源大小

上行调度器根据 UE 上报的 BSR、功率余量（Power Headroom）状态、测量的 SINR 等确定该 UE 在本 slot 所需的 RB 资源大小。当多个用户请求的数据量大小一样时，对于信道质量较好的用户，调度器为其分配的 RB 资源就较少。

（2）确定资源位置

调度的 RB 位置根据资源分配结果来确定，在扣除调度优先级较高的用户占用的 RB 后，选定可用的 RB 位置。

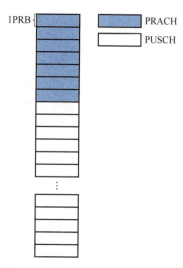

图 3-8　PUSCH 频域资源（PUCCH 配置为短格式时）

上行 RB 资源分配的基本方式包括频选调度和非频选调度。gNodeB 根据小区待调度用户数和 PRB 利用率自适应选择 RB 资源分配方式。当小区待调度用户数和 PRB 利用率低时，gNodeB 选择频选调度；当小区待调度用户数和 PRB 利用率高时，gNodeB 选择非频选调度。gNodeB 可以根据 PUSCH 可用 RB 或上行全带宽可用 RB 计算小区 PRB 利用率。

（3）分配 PUSCH 时域资源

调度器需要为 UE 指示调度所在 slot，以及该 slot 内调度的 OFDM 符号的起止位置。PUSCH 时域资源分配方式按照起始符号位置和调度长度的不同组合，可以分为 Type A 和 Type B 两种类型，详细请参见 3GPP TS38.214 V15.4.0 中的 6.1.2.1 Resource allocation in time domain。

上行调度支持同一个 slot 调度多种 SLIV（Start and Length Indicator Value）类型 UE，通过 NRDUCellPusch.SchMultiSlivTypeUeSwitch 开关（默认配置为开）控制。当开关打开时，表示支持调度多种 SLIV 类型 UE；当开关关闭时，表示只支持调度一种 SLIV 类型 UE。同一个 slot 存在多种 SLIV 类型 UE 的场景，包括 SRS 载波轮发功能、超级上行功能或上下行解耦功能开启的场景。

6. 分配 DMRS 资源

DMRS 资源分配是为了实现上行 PUSCH 资源的解调。3GPP TS 38.211 V15.4.0 中的 6.4.1 Reference signals 描述了 PUSCH DMRS 的相关定义，包括时域上的定义 DMRS 符号、频域上的定义 DMRS 配置类型。

（1）DMRS 符号

前置 DMRS 符号数：协议中支持 1 个或 2 个符号，当前版本支持自适应选择占 1 个符号还是占 2 个符号。

前置 DMRS 位置数：支持 1 个前置 DMRS 位置数。

DMRS 位置数与符号数不是等价的关系，位置数是指 DMRS 有几个可用位置，符号数则是指一个 DMRS 位置占几个符号。若为 1 符号 DMRS，则一个 DMRS 位置占 1 个符号；若为 2 符号 DMRS，则一个 DMRS 位置占 2 个符号。

（2）DMRS 配置类型

DMRS 的配置类型由参数 NRDUCellPusch.UlDmrsType 来配置，支持配置为"TYPE1"和"TYPE2"。

当参数 NRDUCellPusch.UlDmrsType 配置为"TYPE1"时，DMRS 示意图如图 3-9 所示（以 Type B PUSCH 的 DMRS 为例说明）。

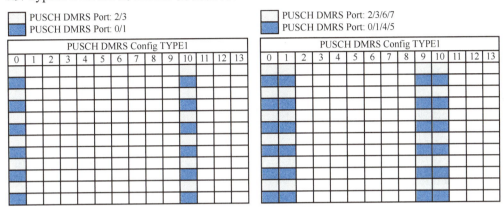

图 3-9　PUSCH DMRS TYPE1

DMRS TYPE1 下，CDM group 有 2 组。

第 1 组 CDM group 0 指的是蓝色所示 DMRS RE，对应的 DMRS Port 为：0/1（前置 DMRS 和附加 DMRS 均为 1 符号）；0/1/4/5（前置 DMRS 和附加 DMRS 均为 2 符号）。

第 2 组 CDM group 1 指的是灰色所示 DMRS RE，对应的 DMRS Port 为：2/3（前置 DMRS 和附加 DMRS 均为 1 符号）；2/3/6/7（前置 DMRS 和附加 DMRS 均为 2 符号）。

3.2　载波聚合的智能调度

3.2.1　多频载波聚合

1. 载波聚合原理

面对运营商购买或分配的频谱资源不统一的情况，为了达到更高的业务速率，3GPP 引入载波聚合（Carrier Aggregation，CA）功能，通过将多个连续或非连续的分量载波（Component Carrier，CC）聚合成更大的带宽，以满足 3GPP 的要求，提升用户的上下行峰值速率体验。载波聚合的协议栈架构参见 3GPP TS 38.300 V15.6.0 中的 6.7 Carrier Aggregation。

（1）载波聚合分类

NR 系统根据参与载波聚合的载波所在的频率范围（Frequency Range，FR），分为 FR 内 CA 和 FR 间 CA。

FR 内 CA：参与载波聚合的频段均在同一 FR 内，比如 n41+n79。FR 内 CA 可以进一步分为频段内 CA 和频段间 CA，其中频段内 CA 可分为频段内连续 CA 和频段内非连续 CA。

频段内 CA：参与载波聚合的分量载波在相同频段的频域上分布。

频段内连续 CA：参与载波聚合的分量载波在同一个频段内的频域上连续分布。

频段内非连续 CA：参与载波聚合的分量载波在同一个频段内的频域上非连续分布。

频段间 CA：参与载波聚合的分量载波在不同频段的频域上分布。

FR 间 CA：参与载波聚合的频段不全在同一 FR 内，比如 n41+n257。

（2）载波聚合应用场景

载波聚合可应用于站内场景和站间场景。站内场景和站间场景下，都支持频段内 CA 和频段间 CA。

站内场景：CA 支持共站同覆盖、共站不同覆盖和共站补盲场景。频段内 CA 主要应用在共站同覆盖和共站补盲场景，频段间 CA 主要应用在共站不同覆盖和共站补盲场景。

站间场景：是指参与载波聚合的载波来自不同的基站。

载波聚合从业务方向上也可以分为下行载波聚合、上行载波聚合。

2. 载波聚合网元定义

1）Pcell（Primary Cell，主小区）是 CA UE 驻留的小区。CA UE 在该小区内的运行与单载波小区没有区别。

2）Scell（Secondary Cell，辅小区）是指基站通过 RRC 连接信令配置给 CA UE 的小区，工作在 SCC（辅载波）上，可以为 CA UE 提供更多的无线资源。SCell 可以只有下行，也可以上下行同时存在。

3）CC（Component Carrier，分量载波）是指参与载波聚合的不同小区所对应的载波。

4）PCC（Primary CC，主载波）是指 PCell 所对应的 CC。

5）SCC（Secondary CC，辅载波）是指 SCell 所对应的 CC。CA 中存在两类辅载波：有 PUSCH 资源和 SRS 资源的辅载波（既支持下行又支持上行的辅载波），简称"上下行辅载波"；无 PUSCH 资源和 SRS 资源的辅载波（仅支持下行，不支持上行的辅载波），简称"下行 Only 辅载波"。

6）对称 CA 和非对称 CA。对称 CA 指上行聚合的 CC 数和下行聚合的 CC 数相同。非对称 CA 指上行聚合的 CC 数和下行聚合的 CC 数不相同。一般上行聚合的 CC 数小于下行聚合的 CC 数。CA UE 属于对称 CA 还是非对称 CA，由该 UE 的能力决定。部分 UE 不支持对称 CA。

3. CA 相关测量事件

（1）A2 事件

A2 事件指"服务小区信号质量变得低于对应门限"。CA 中 A2 事件的门限由参数 NRCellCaMgmtConfig.CaA2RsrpThld、NRCellCaMgmtConfig.UlCaA2RsrpThld 和 gNBCaFrequency.CaA2RsrpThldOffset 共同决定。CA 通过 A2 事件，删除信号质量较差的 SCell。

（2）A5 事件

A5 事件指"PCell 的信号质量变得低于门限 1 并且邻区信号质量变得高于门限 2"。CA 中的 A5 事件的门限 1 固定为 −31dBm，门限 2 由参数 NRCellCaMgmtConfig.CaA5RsrpThld2 和 gNBCaFrequency.CaSccA5RsrpThld2Offset 共同决定。CA 通过 A5 事件，进行基于测量的 SCell 配置。后续章节提及的 A5 事件门限均指门限 2。

（3）A6 事件

A6 事件指"SCell 的同频邻区的信号质量比 SCell 高一定门限"。gNodeB 通过 A6 事件在不改变 PCell 的情况下变更 SCell。

A6 事件的触发条件为：Mn+Ocn-Hys > Ms+Ocs+Off。

其中涉及的参数说明如下。

Mn：邻区 RSRP 测量结果。

Ocn：邻区的小区偏置，通过 PCell 侧配置的参数 NRCellRelation.CellIndividualOffset 设置。

Hys：A6 事件的迟滞值（固定为 1dB）。

Ms：服务小区 RSRP 测量结果。

Ocs：服务小区的小区偏置，固定为 0dB。

Off: A6 事件的偏置，通过参数 NRCellCaMgmtConfig.CaA6Offset 设置。

4. 辅小区 SCell 管理

CA 功能开通后，CA UE 在初始接入、切换入、重建入小区时，会触发 SCell 的配置。SCell 配置成功后，会发生变更、激活、去激活和删除等动作。SCell 的管理均由 PCell 所属 gNodeB 执行。当 SCell 配置成功并激活后，CA UE 才可以做载波聚合。SCell 的状态变化如图 3-10 所示。低频段 CA 支持 SCell 的配置、变更、激活、去激活和删除。

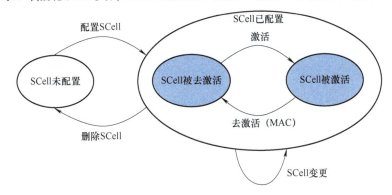

图 3-10　SCell 状态变化

（1）SCell 配置流程

gNodeB 在 CA UE 初始接入、切换入、重建入小区时，会启动 SCell 配置。SCell 配置有两种模式：盲配置和基于测量的配置。

盲配置是指不经过测量直接将符合条件的小区配置为 SCell。

基于测量的配置是指借助 A5 测量，将满足 A5 测量门限的小区配置为 SCell。

低频场景，站内 CA 既支持盲配置，也支持基于测量的配置；站间 CA 仅支持基于测量的配置。

简单总结，gNodeB 会判断当前无线环境是否满足盲配置条件。若满足，则进行盲配置；若不满足或者盲配置失败，则进行基于测量的配置。

（2）SCell 盲配置

SCell 盲配置是指同时满足以下两个条件：

1）参数 NRCellCaMgmtConfig.CaStrategySwitch 的子开关"SCC_BLIND_CONFIG_SW"打开。

2）候选 SCC 频点下存在参数 NRCellRelation.BlindScellConfigFlag 设置为"TRUE"的

小区（盲配置目标小区）。

当存在多个频点的小区 SCell 盲配置都设置为"TRUE"时，通过 SCC 频点组合优选功能可以为 UE 选择最优 SCC 频点组合。

（3）基于测量的 SCell 配置

gNodeB 向 CA UE 下发 A5 测量。

A5 测量事件门限值 = NRCellCaMgmtConfig.CaA5RsrpThld2 + gNBCaFrequency.CaSccA5RsrpThld2Offset。

当存在多个候选 SCC 频点时，操作如下。

智能载波选择开关关闭：gNodeB 选择一个（未配置 SCell 的 2CC CA 场景和已经配置一个 SCell 的 3CC CA 场景）或两个（未配置 SCell 的 3CC CA 场景）候选 SCC 频点下发 A5 测量。

智能载波选择开关打开：gNodeB 对 UE 能力支持的候选 SCC 频点下发 A5 测量。

gNodeB 判断是否收到 UE 上报的 A5 测量报告，按如下规则进行处理。

智能载波选择开关关闭：如果 gNodeB 收到 A5 测量报告，则 gNodeB 选择 RSRP 信号质量最高的可用的候选 SCell 进行配置，为 UE 选择最优 CA 能力组合。

智能载波选择开关打开：如果 gNodeB 收到 A5 测量报告，gNodeB 需判断是否在 3s 内收到频点集中所有频点的 A5 测量报告，如果全部收到，则 gNodeB 从各个频点下选择 RSRP 信号质量最高的小区，并根据感知业务载波选择开关的配置，选择最优的一个（未配置 SCell 的 2CC CA 场景和已经配置一个 SCell 的 3CC CA 场景）或两个（未配置 SCell 的 3CC CA 场景）小区配置为 SCell。

5. 辅小区 SCell 变更

当 CA UE 配置 SCell 后，若 SCell 的同频邻区比 SCell 的信号质量好，PCell 所在 gNodeB 可以在不改变 PCell 的情况下改变 SCell，以确保 SCell 的信号质量。

gNodeB 在配置 SCell 后，会通过 RRCReconfiguration 信令对 CA UE 下发 A6 事件测量控制（A6 事件的偏置值等于 PCell 侧配置的 CaA6Offset），测量频点为已配置 SCell 所在的频点。

当 gNodeB 收到 CA UE 上报的 A6 测量事件报告时，根据上报候选 SCell 的 RSRP 从高到低进行尝试。若 PCell 能建立到新的候选 SCell 的用户面链路，则 gNodeB 通过 RRCReconfiguration 信令更改 CA UE 的 SCell 为新的 SCell。若 PCell 无法建立到候选 SCell 的用户面链路，则尝试下一个候选 SCell。如果 PCell 到所有候选 SCell 的用户面链路均无法建立，则继续保持当前 SCell 不变。

6. 辅小区 SCell 激活

gNodeB 支持通过下发 MAC CE 或 RRC 重配消息的方式激活 SCell，如图 3-11 所示。

基于业务量触发 SCell 激活时会先分别判断上行或下行激活条件是否满足，见表 3-1。

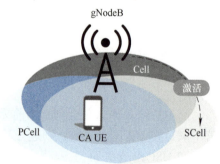

图 3-11　SCell 激活示意图

表 3-1　基于业务量触发 SCell 激活的条件

业务量类型	条　件
上行	gNodeB 判断 UE 上行调度的 BSR（Buffer Status Report）数据量大于等于上行 SCell 激活门限
下行	gNodeB 判断 UE 下行 RLC 缓存中的数据量大于等于下行 SCell 激活门限

上行 SCell 激活门限基于当前 PCell 空口能力和参数 NRDUCellCarrMgmt.CaUlScell ActThldSlotNum 配置值计算得到。参数 NRDUCellCarrMgmt.CaUlScellActThldSlotNum 配置值越小，越容易激活 SCell；反之，越不容易激活 SCell。

下行 SCell 激活门限 $=\min\{y,$ NRDUCellCarrMgmt.DlStateTransitBufVolThld$\}$。其中，y 为基于当前 PCell 空口能力和参数 NRDUCellCarrMgmt.CaDlScellActThldSlotNum 配置值计算得到的。参数 NRDUCellCarrMgmt.CaDlScellActThldSlotNum 和 NRDUCellCarrMgmt. DlStateTransitBufVolThld 配置值越小，越容易激活 SCell；反之，越不容易激活 SCell。

UE 上行调度的 BSR 数据量和 UE 下行 RLC 缓存中的数据量根据参数 NRDUCellCarr Mgmt.RlcBufferFilterCoeff 配置的滤波系数进行滤波得到。

当上行激活条件满足时，gNodeB 只会下发 MAC CE 激活有配置上行的 SCell。如果 SCell 只有下行配置，则此 SCell 不会被激活。

当下行激活条件满足时，gNodeB 将下发 MAC CE 同时激活所有 SCell。SCell 激活详细信息请参见 3GPP TS 38.321 V15.6.0 中的 6.1.3.10 SCell Activation/Deactivation MAC CEs。

7. 辅小区 SCell 去激活

有三种场景可以触发 gNodeB 去激活 SCell：基于 CA UE 的业务量触发、基于 SCell 的信道质量触发和基于 SCell 的连续残留误块触发。SCell 去激活示意图如图 3-12 所示。SCell 去激活详细信息请参见 3GPP TS 38.321 V15.6.0 中的 6.1.3.10 SCell Activation/Deactivation MAC CEs。

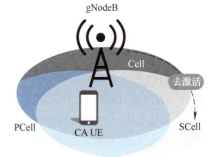

图 3-12　SCell 去激活示意图

基于业务量触发 SCell 去激活时会分别判断上行或下行去激活条件是否满足，见表 3-2。

表 3-2　基于业务量触发 SCell 去激活的条件

业务量类型	条　件
上行	同时满足： • gNodeB 判断 UE 上行调度的 BSR 数据量小于上行去激活业务量门限 • UE 的上行吞吐率 < $\min\{x,$ RLC 上行吞吐率门限$\}$。其中，x 为基于当前无线信道质量计算出的 UE 在 PCC 上的上行吞吐率
下行	同时满足： • gNodeB 判断 UE 下行 RLC 缓存中的数据量小于下行去激活业务量门限 • UE 的下行吞吐率 < $\min\{y,$ RLC 下行吞吐率门限$\}$。其中，y 为基于当前无线信道质量计算出的 UE 在 PCC 上的下行吞吐率

上行 SCell 去激活门限基于当前 PCell 空口能力和 NRDUCellCarrMgmt.CaUlScellDeact ThldSlotNum 配置值计算得到。RLC 上行吞吐率门限由参数 NRDUCellCarrMgmt.RlcUl

ThroughputThld 配置。

下行 SCell 去激活门限 $=\min\{y,$ NRDUCellCarrMgmt.DlStateTransitBufVolThld x 0.5$\}$。其中，y 为基于当前 PCell 空口能力和 NRDUCellCarrMgmt.CaDlScellDeactThldSlotNum 配置值计算得到。RLC 下行吞吐率门限由参数 NRDUCellCarrMgmt.RlcDlThroughputThld 配置。

UE 下行 RLC 缓存中的数据量和 UE 上行调度的 BSR 数据量根据 NRDUCellCarrMgmt.RlcBufferFilterCoeff 配置的滤波系数进行滤波得到。

3.2.2　NR FDD 与 TDD 载波聚合切换判决

1. 背景概括

目前 5G 网络包括 NR TDD 与 NR FDD 两种双工方式，其中 NR TDD 包括 n41、n78 等频段，NR FDD 包括 n1、n3、n8、n28 等频段。NR TDD 基站采用大规模天线阵列，天线数目的增多为传播信道提供了更多的复用增益和分集增益，使得系统在下行方向的数据速率、链路可靠性和覆盖上拥有更好的性能。但是在上行方向，终端的发射功率限制了 5G 上行的覆盖，终端体积限制了天线数量，无法利用 Massive MIMO，此外，TDD 上下行时隙配比的差异等，进一步扩大了上下行覆盖的差距。NR TDD 基站的上行覆盖受限，使得用户在超出上行覆盖区域之后就无法使用 5G 下行的高速数据业务，限制了 5G 下行大带宽的优势。

目前我国的电信运营商同时拥有 NR TDD 与 NR FDD 频段，在下一步的网络演进过程中使用载波聚合技术是必要的基础。载波聚合技术中，由于 NR TDD 小区与 NR FDD 小区的上行覆盖性能有很大的不同，在实际网络规划、网络优化过程中必须考虑载波聚合场景的切换判决方法。

2. NR TDD 与 NR FDD 载波聚合场景切换判决

在 NR TDD 与 NR FDD 载波聚合场景，由于 NR FDD 一般使用中低频段，上行覆盖性能优于 NR TDD，在 5G 用户移动到 NR TDD 小区上行覆盖范围的边缘区域后，可以切换至 NR FDD 小区来保证用户的覆盖性能，保障用户使用感知。

与传统的基于小区级设定 RSRP 门限的覆盖类切换判决方法不同，NR TDD 与 NR FDD 载波聚合场景，基于分别驻留在 NR TDD 主小区与 NR FDD 辅小区的用户级上行吞吐率进行判决，可提升 5G 用户驻留在 NR TDD 主小区的上行感知，同时，也可以规避用户驻留在 NR FDD 小区时由于无线环境差、越区覆盖、上行干扰强而引起的上行吞吐率不足。

3. 现有技术分析

由于 NR TDD 的带宽更大，目前一般采用 NR TDD 载波为主载波，NR FDD 载波作为辅载波。即：UE 在 NR 基站近处占用 NR TDD 为主小区，下行使用 CA 捆绑 NR FDD 小区，上行使用 CA 捆绑 NR FDD 小区。当用户发生位置移动，即从 NR TDD 小区上行覆盖区域向小区边缘移动时，在 NR TDD 小区 RSRP 低于一个门限且 NR FDD 小区 RSRP 高于一个门限后，触发由 NR TDD 为主载波的 CA 小区切换至 NR FDD 小区。按照 CA 流程，UE 由 NR TDD 小区切换到 NR FDD 小区后，再发起下行 CA 增加过程将 NR TDD 小区增加为 CA 辅小区。

现有载波聚合场景切换判决方法是 NR 系统内基于下行覆盖的异频切换方法，采用 A2+A5 事件。

A2 事件是对服务小区的要求（建议值为 –110dBm），当服务小区下行 RSRP 低于该门限时下发异频测量事件 A5，启动异频测量。

A5 事件有两个门限，第一门限是对服务小区的要求（建议值为 –110dBm），要求服务小区 RSRP 低于该第一门限；A5 第二门限是对目标异频小区的要求（建议值为 –106dBm），要求目标异频小区 RSRP 高于该第二门限；当 A5 的两个门限都满足后即发起异频切换执行。

目前 5G 网络 NR TDD 与 NR FDD 载波聚合场景中，由 NR TDD 小区向 NR FDD 小区切换的判决方法有以下两种。

1）A2 与 A5 门限设置固定值，A2 设置为 –110dBm，A5 第一门限（对服务小区的要求）设置为 –110dBm，要求服务小区 RSRP 低于该第一门限；A5 第二门限（对目标异频小区的要求）设置为 –106dBm，要求目标异频小区 RSRP 高于该第二门限。

2）通过道路测试的方式，使 5G 终端分别驻留 NR TDD 小区（2.6GHz 频段）、NR FDD 小区（700MHz），驱车由近及远进行测试，监测终端的上行吞吐率、NR TDD 小区与 NR FDD 小区的下行 RSRP，如图 3-13 所示。

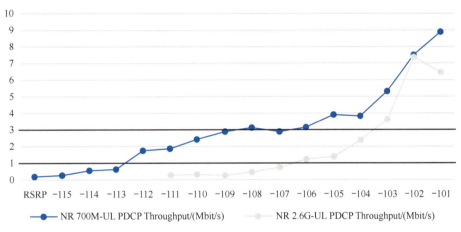

图 3-13　基于 UL 吞吐率的 NR TDD 2.6GHz 与 NR FDD 700MHz 下行 RSRP 值

上行吞吐率保持在 3Mbit/s 时，NR TDD 小区的下行 RSRP 电平值区间为（–104 ～ –103dBm），NR FDD 小区下行的 RSRP 电平值区间为（–109dBm ～ –106dBm）。

上行吞吐率保持在 1Mbit/s 时，NR TDD 小区的下行 RSRP 电平值区间为（–107dBm ～ –106dBm），NR FDD 小区下行的 RSRP 电平值区间为（–115dBm ～ –113dBm）。

因此，可得到如下结论：

如果上行吞吐率的期望速率是 3Mbit/s，则 A2 门限为 –104dBm，属于区间（–104dBm ～ –103dBm）；A5 第一门限为 –104dBm，属于区间（–104dBm ～ –103dBm）；A5 第二门限为 –108dBm，属于区间（–109dBm ～ –106dBm）。

如果上行吞吐率的期望速率是 1Mbit/s，则 A2 门限为 –107dBm，属于区间（–107dBm ～ –106dBm）；A5 第一门限为 –107dBm，属于区间（–107dBm ～ –106dBm）；A5 第二门限为 –114dBm，属于区间（–115dBm ～ –113dBm）。

从上述分析来看，现有的 5G 网络 NR TDD 与 NR FDD 载波聚合场景由 NR TDD 主载波小区向 NR FDD 小区切换的判决方法有明显的不足。

第一，NR TDD 与 NR FDD 载波聚合场景的 NR TDD 2.6GHz 小区、NR FDD 700MHz

小区的驱车由近及远的测试，只能保证一条道路，不能保证道路外其他区域的上行吞吐率与 NR TDD 2.6GHz 小区、NR FDD 700MHz 小区下行的 RSRP 电平值的对应关系。

第二，驱车测试的结果，只能反映当时的 NR TDD 2.6GHz 小区、NR FDD 700MHz 小区的无线环境，而其他时段的小区忙闲程度、干扰程度都不能被准确反映，不能保证用户使用感知。

第三，由于设定的小区级的切换判决门限，对于不同无线环境的 5G 终端，并未考虑其实时的分别驻留在 NR TDD 主小区以及 NR FDD 辅小区的上行吞吐率，不能保证用户使用感知。

4. NR TDD 与 FDD 载波聚合场景基于上行业务感知的切换判决方法

5G 网络 NR TDD 与 NR FDD 载波聚合场景基于上行业务感知的切换判决方法：通过 UE 驻留在 NR TDD 主小区与 NR FDD 辅小区在一定时间间隔的上行 RLC 业务字节数，结合 UE 驻留在 NR TDD 主小区当前的上行吞吐率，来进行判决 UE 是否由 NR TDD 主小区切换至 NR FDD 辅小区。

（1）判决增加 CA 辅小区

UE 驻留 NR TDD 主小区时，依据业务缓存长度及业务缓存时延判决是否增加 CA 辅小区。

由于 NR TDD 2.6GHz 主小区、NR FDD 700MHz 辅小区都各自承载业务，因此，基于 UE 业务量来增加 CA 辅小区，可以保证 UE 得到充足的无线资源，也保证了 CA 主小区与辅小区的资源分配。

UE 如同时满足以下两个条件，则增加 CA 辅小区：UE RLC 缓存量≥业务缓存长度激活门限（KB）；UE RLC 首包时延≥业务缓存时延激活门限（ms）。

参数定义：

1）业务缓存长度激活门限（KB）：该参数用于判决处于载波聚合状态的 UE 是否激活辅小区，即 UE 捆绑 CA 主小区与辅小区。

只有当载波聚合状态的 UE 在基站上的缓存数据量大于该门限时才允许激活辅小区，单位是千字节（KB）。提高该门限会要求 CA UE 在基站上缓存更多的数据才允许激活辅小区，反之可以在较少的缓存数据时就允许激活辅小区。

2）业务缓存时延激活门限（ms）：该参数用于判决处于载波聚合状态的 UE 是否激活辅小区。

只有当载波聚合状态的 UE 在基站上的缓存时延大于该门限时才允许激活辅小区，单位是毫秒（ms）。提高该门限会要求 CA UE 在基站上有更大的缓存等待时延才允许激活辅小区，反之可以在较小的缓存等待时延就允许激活辅小区。

UE 如同时满足：RLC 缓存量≥业务缓存长度激活门限、RLC 首包时延≥业务缓存时延激活门限，则增加 CA 辅小区。

（2）采集上行 RLC 业务字节数

增加 CA 辅小区后，对 UE 终端进行信令监测，采集 UE 终端 NR TDD 主小区、NR FDD 辅小区的一定时间间隔 $t1$ 的上行 RLC 业务字节数，以及 MR 测量报告中 UE 终端所携带的 NR TDD 主小区、NR FDD 辅小区的下行 RSRP 值。

增加 CA 辅小区后，对 UE 终端进行信令监测，采集 UE 终端 NR TDD 主小区、NR FDD 辅小区的一定时间间隔 $t1$ 的上行 RLC 业务字节数。

UE 终端在 NR TDD 主小区的一定时间间隔 $t1$ 的上行 RLC 业务字节数，表征 UE 在 NR TDD 主小区的上行 RLC 吞吐速率。

UE 终端在 NR FDD 辅小区的一定时间间隔 $t1$ 的上行 RLC 业务字节数，表征 UE 在 NR FDD 辅小区的上行 RLC 吞吐速率。

打开 MR 测量报告，在 UE 终端的信令监测得到的监测数据中，可发现 UE 终端接收的 NR TDD 主小区的下行 RSRP 电平值，以及 UE 终端接收的 NR FDD 辅小区的下行 RSRP 电平值。

（3）切换判决

判决 NR FDD 小区的上行 RLC 业务字节数是否小于等于 NR TDD 小区的上行 RLC 业务字节数，如果是，则保持现状。如果判决 NR FDD 小区的上行 RLC 业务字节数大于 NR TDD 小区的上行 RLC 业务字节数，但 NR TDD 小区的上行 RLC 业务字节数仍超过一个门限 $T0$，则保持现状。

如果 UE 终端在 NR FDD 辅小区的一定时间间隔 $t1$ 的上行 RLC 业务字节数，小于等于 NR TDD 小区的上行 RLC 业务字节数，则表明当前时刻 UE 仍在 NR TDD 主小区的有效上行覆盖范围内。

如果判决 NR FDD 小区的上行 RLC 业务字节数大于 NR TDD 小区的上行 RLC 业务字节数，但 NR TDD 小区的上行 RLC 业务字节数仍超过一个门限 $T0$，则保持现状。

如果 UE 终端在 NR FDD 辅小区的一定时间间隔 $t1$ 的上行 RLC 业务字节数，大于 NR TDD 小区的上行 RLC 业务字节数，则表明当前时刻，UE 在 NR FDD 辅小区的上行 RLC 吞吐速率已超过 NR TDD 主小区。

但是，如果 NR TDD 小区的上行 RLC 业务字节数仍超过一个门限 $T0$，根据门限 $T0$，结合之前设定的时间间隔 $t1$，可计算得出一个上行吞吐率门限 $T1$，即表明 NR TDD 主小区的上行吞吐率仍高于这个门限值 $T1$，则保持现状，不触发切换。

（4）触发切换

如果判决 NR FDD 小区的上行 RLC 业务字节数大于 NR TDD 小区的上行 RLC 业务字节数，且 NR TDD 小区的上行 RLC 业务字节数低于门限 $T0$，并持续超过一个定时器 $t1$，则触发 NR TDD 小区向 NR FDD 小区切换。

如果 NR FDD 小区的上行 RLC 业务字节数大于 NR TDD 小区，且 NR TDD 小区的上行 RLC 业务字节数低于门限 $T0$，并持续超过一个定时器 $t1$，则表明当前时刻，UE 在 NR FDD 辅小区的上行 RLC 吞吐速率已超过 NR TDD 主小区。如果 NR TDD 主小区的上行吞吐率低于门限值 $T1$，且持续超过一个定时器 $t1$，则表明 UE 已发生位置变化，已不在 NR TDD 小区的有效上行覆盖范围内。

（5）A2 事件参数调整

打开 MR 测量报告，在 UE 终端的信令监测得到的监测数据中，可发现当前时刻 UE 终端接收的 NR TDD 主小区的下行 RSRP 电平值 $R1$，以及 UE 终端接收的 NR FDD 辅小区的下行 RSRP 电平值 $R2$。

将 $R1$ 值作为 NR TDD 小区向 NR FDD 小区切换参数中的 A2 事件门限值，此时，$R1$ 值作为 A5 事件第一门限值；$R2$ 值作为 A5 事件第二门限值，触发 UE 由 NR TDD 小区向 NR FDD 小区切换。

多次切换，记录 $R1$、$R2$ 值，如果 $R1$、$R2$ 值的均方差小，则使用 $R1$ 均值作为 A2 事件门限值，以及 A5 事件第一门限值，使用 $R2$ 均值作为 A5 事件第二门限值。如果 $R1$、$R2$ 值的均方差大，则考虑为不同时段设置不同的 A2、A5 事件门限值。

5. 小结

NR TDD 与 NR FDD 载波聚合场景，基于用户级分别驻留在 NR TDD 主小区与 NR FDD 辅小区的上行吞吐率，并以此作为依据进行 UE 由 NR TDD 主小区向 NR FDD 辅小区切换的判决依据，会使判断更加准确。

通过 UE 终端 NR TDD 主小区、NR FDD 辅小区的上行 RLC 发送数据业务字节数，如果判决 NR FDD 小区的上行 RLC 业务字节数大于 NR TDD 小区的上行 RLC 业务字节数，且 NR TDD 小区的上行 RLC 业务字节数低于门限 $T0$，并持续超过一个定时器 $t2$，则触发 NR TDD 小区向 NR FDD 小区切换，可保证切换后的 UE 上行速率，从而保证用户上行感知。

可规避 NR FDD 小区由于无线环境差、越区覆盖、上行干扰强而引起的上行资源不足的情况，保证 NR TDD 小区向 NR FDD 小区切换后的 UE 上行速率以及用户上行感知。

第 4 章
NR 网络的干扰协同与规避

通信网络的规划与优化中，干扰是必不可少的重要环节。从 2G 网络的干扰优化中，逐步归类出通信网络面临的干扰，主要是两类：系统内干扰、系统外干扰。比如，在移动通信网络中，非常典型的系统外干扰是外部干扰器，常用于考试监考、保密会议、监狱防护等；系统内干扰可以理解为是通信系统内产生的干扰，也可分为本系统产生的自干扰，异系统产生的系统间干扰。

异系统产生的系统间干扰最常见的是 850MHz 频段的下行链路对 900MHz 频段的上行链路的干扰。3GPP 定义 850MHz 频段为 Band5，FDD 制式，共有 2×25MHz 带宽，上行是 824 ~ 859MHz，下行是 869 ~ 894MHz；900MHz 频段为 Band8，FDD 制式，共有 2×25MHz 带宽，上行是 890 ~ 915MHz，下行是 935 ~ 960MHz。

900MHz 频段是最早期 GSM 使用的频段，是全球公认的黄金频段。由于频谱资源的稀缺性，为了提升频谱使用效率，产业界重新定义了 900MHz 频段，分为两类，其中 PGSM 是严格遵循 Band8 的定义，上行是 890 ~ 915MHz，下行是 935 ~ 960MHz。此外，还定义了 EGSM，上行向前拓展了 10MHz，即：上行是 880 ~ 915MHz，下行是 925 ~ 960MHz，共有 2×35MHz。在使用 Band5 的 U850 系统，即使用 850MHz 的 3G 系统规模使用后，Band5 与 Band8 之间的频谱冲突日益严重，EGSM 逐渐不被运营商认可。截至今日，全球范围内仍有部分国家和地区受到 Band5 与 Band8 的频谱冲突带来的影响，如在印度使用 Band5 频段，某运营商使用 Band5 频段的下行链路已经拓展到 888MHz，已经对边境另一侧的巴基斯坦境内的 EGSM 频段造成严重的影响，至今，双方仍无法达成协作。

本系统产生的自干扰，一般是由于基站间的重叠覆盖导致。通信网络建设初期，为了提升频谱效率，定义了蜂窝式移动通信网络结构，界定了基站的覆盖范围，来实现相隔一定距离后，相同频率的再次复用，从而提升频谱使用效率，且可以接近无限扩容移动通信网络容量。移动通信网络是通过无线网络来实现通信业务的接入、切换等控制，无线网络由于电磁波传播特性，很难确定地控制其覆盖范围，因此，移动通信网络系统内必然存在重叠覆盖，但是，需要通过网络优化，如射频优化，来尽量控制某个基站的覆盖范围，既达到某个区域覆盖性能的基本要求，又不能覆盖过远影响其他基站，这就是通信网络的干扰协同。

自 UMTS 开始，3G 网络使用同频组网，为了区分不同的基站，系统定义了扰码。4G

网络的频点拓展到20MHz，为了保持频谱的高效使用，也规定了小于20MHz的频点带宽，如1.4MHz、3MHz、5MHz、10MHz、15MHz，一般来说，运营商普遍使用20MHz作为LTE的频点带宽。5G网络sub 6GHz的频段支持100MHz组网，4G/5G网络的组网模式一般是相同频段是同频组网，基站间通过PCI码来进行识别，不同频段间使用多载波聚合来进行频谱资源整合。

4G/5G网络由于是宽频组网，其干扰优化模式与传统的干扰优化有一定的区别，举例说明，在2G网络，受到干扰的频点带宽为180kHz，同样的情况，在4G网络，可以通过频域资源调度来规避干扰，也就是说，尽量不使用受干扰的这个频点。同理，在5G网络，由于可使用的频谱资源更丰富，因此，系统内产生的自干扰，在性能统计方面，可能不会很明确地显现出来。

4G/5G网络的TDD制式，出现了一种不同于传统意义上的干扰类型——大气波导干扰。大气波导效应是一种发生在大气对流层的效应，对流层中由于温度或水汽随海拔高度增加而急剧变小使得大气层存在层次变化，形成大气薄层，在其中传输的电磁波会被限制在这一层中，类似电磁波在金属波导中传播。这种现象称为电磁波的大气波导传播，形成的大气薄层称为大气波导层。大气波导效应对电磁波的影响主要表现在两个方面：增加电场强度、增加传播的距离。因此可使电磁波在波导层进行远距离传播。由于大气波导效应产生的通信系统内干扰，称为大气波导干扰。4G/5G网络TDD制式的时隙结构中，通过设置GP（Guard Period）隔离上、下行时隙，避免上下行信号间互相干扰。在大气波导效应的影响下，5G基站信号可以在波导层中发生超远距离传播，远端基站的下行时隙发射信号落入近端基站上行接收时隙，当传输时间超过GP时，干扰源gNodeB的下行信号在受干扰gNodeB的上行时隙被接收，对受干扰gNodeB的上行信号造成了严重干扰。同时，受干扰gNodeB的下行信号也会对干扰源gNodeB的上行信号产生干扰，称为大气波导的互易性，导致整个网络的KPI下降。

4.1 系统内干扰协同

4.1.1 NR SSB波束

NR系统采用波束赋形技术，对每类信道和信号都会形成能量更集中、方向性更强的窄波束。但是相对宽波束（如LTE波束），窄波束的覆盖范围有限，一个波束无法完整地覆盖小区内的所有用户，因此NR引入了波束扫描的方法来覆盖整个小区内的所有用户，即基站在某一个时刻可以发送一个波束方向，通过多个时刻发送不同方向的波束以覆盖整个小区。

NR小区同步和广播信道共用一个SSB（Synchronization Signal and PBCH Block）波束，也称为广播波束。SSB波束是小区级波束，gNodeB按照SSB周期（NRDUCell.SsbPeriod）周期性地发送SSB波束，广播同步消息和系统消息。

在每个波束中，都要配置PSS、SSS、PBCH、DMRS for PBCH，以便UE实现下行同步，且PSS、SSS、PBCH、DMRS for PBCH必须同时发送。为了确保PSS、SSS、PBCH、DMRS for PBCH可以同时发送，NR系统将PSS、SSS、PBCH和DMRS for PBCH组合在一起，并称其为同步信号块SSB（SS and PBCH Block），对应的波束称为SSB波束。

1. SSB 波束结构

一个 SSB 在时域上连续占用 4 个符号，频域上占用 20 个 RB（即 240 个子载波）。其中，PSS 和 SSS 在时域上分别占用 SSB 中的符号 0 和符号 2，频域上分别占用 127 个子载波，SSB 波束结构如图 4-1 所示。

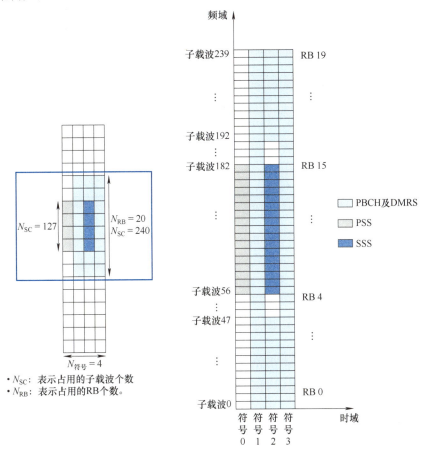

图 4-1　SSB 波束结构

PBCH（含 DMRS for PBCH）在时域上占用 SSB 中的符号 1 和符号 3，频域上分别占用 240 个子载波，此外还占用符号 2 中两端各 48 个子载波。PBCH 信道占用的 RE 称为主信息块 MIB（Master Information Block），MIB 使用一条独立的 RRC 消息下发，在传输信道 BCH 上发送。由于 BCH 的传输格式是预定义的，所以 UE 无须从网络侧获取其他信息就可以直接在 BCH 上接收 MIB，从而获取接入的必要信息。

NR 支持 SSB 的频域位置灵活配置，针对不同 SCS（Sub-Carrier Spacing）和频段，NR 给出了多种 SSB 在时域的 Pattern，分别命名为 Case A、Case B、Case C、Case D、Case E，详细请参见 3GPP TS 38.213 V15.12.0 的 4.1 Cell search。其中，TDD 低频支持 Case A、Case B、Case C。TDD 高频支持 Case D、Case E。不同 Pattern 下，SSB 的最大个数和起始符号位置不同，见表 4-1。TDD 低频支持 Case A、Case C。TDD 高频支持 Case D。

为了方便 UE 接收，并增加单个 SSB 的覆盖范围，NR 会对每个 SSB 进行波束赋形发送，一个 SSB 有一个 SSB index，每个 SSB 波束对应一个 SSB index。实际使用中，可以把一个周期内的不同 SSB 分配到不同的波束上发送，每个 SSB 的发送时间不同，每个波束依次发送，这种方式叫作 SSB 波束扫描。SSB 波束扫描是面向整个小区的。

表 4-1　SSB 时域 Pattern

格式	SCS	SSB 起始符号位置	F 在 FR1 内且 F≤3GHz		F 在 FR1 内且 F>3GHz	
			n	SSB 最大个数	n	SSB 最大个数
Case A	15kHz	$\{2,8\}+14\times n$	0,1	4	0,1,2,3	8
Case B	30kHz	$\{4,8,16,20\}+28\times n$	0	4	0,1	8
Case C	30kHz	$\{2,8\}+14\times n$	F<1.88GHz：0,1 F≥1.88GHz：0,1,2,3	F<1.88GHz：4 F≥1.88GHz：8	0,1,2,3	8
Case D	120kHz	$\{4,8,16,20\}+28\times n$	不涉及	不涉及	不涉及	不涉及
Case E	240kHz	$\{8,12,16,20,32,36,40,44\}+$ $56\times n$	不涉及	不涉及	不涉及	不涉及

2. SSB 波束个数

每个 SSB 都有一个唯一的编号，即 SSB index。对于低频，这个编号信息直接从 PBCH 的 DMRS 中获取；对于高频，低 3bit 从 PBCH 的 DMRS 中获取，高 3bit 从 MIB 信息中获取。小区中发送的实际 SSB 波束数（每个 SSB 波束对应一个 SSB index）依赖于时隙配比和场景化波束等配置，该数目必须小于等于协议中定义的最大 SSB 个数，SIB1 或 RRC 信令可以指示哪些位置没有发送 SSB，这些空闲的位置，可以发送 PDSCH 数据。

3. SSB 波束扫描周期

SSB 调度周期为 80ms，80ms 内可在空口上按照既定的 Case，令 gNodeB 重复进行多次 SSB 波束扫描。SSB 波束扫描周期系统默认为 20ms，在 80ms 内重复扫描 4 次，每轮扫描会在 5ms 内完成。SSB 时序示意图如图 4-2 所示。

3GPP TS 38.213 R15 规定，在初始小区选择时，UE 认为 gNodeB 以 20ms 的周期进行 SSB 波束扫描。如果 SSB 波束扫描周期大于 20ms，可能会增大终端搜索 SSB 的平均时间，这取决于 UE 检测 SSB 波束策略的实现。

4.1.2　系统内干扰协同方法

1. NR TDD/FDD 系统内干扰根因

移动通信领域，5G 网络面临的干扰包括大气波导、无线视频监控、广电无线电视等外部干扰，以及随着 5G 网络规模增大后伴随出现的系统内干扰。

NR TDD 系统会受到大气波导，干扰范围较大；NR TDD 系统的 2.6GHz 频段会受到无线视频监控设备带来的外部干扰，干扰强度大、范围广。

NR FDD 系统的 700MHz 频段建设初期受到广电无线电视干扰、非法频率带来的外部干扰。

此外，随着 5G 网络负荷逐步提升，NR TDD/FDD 系统均面临系统内干扰水平逐步抬升的问题，系统内干扰的本质原因是局部网络结构不合理导致的部分 5G 小区的重叠覆盖率高，导致在 5G 小区接入用户增多时，带来严重的系统内干扰，影响用户使用感知。

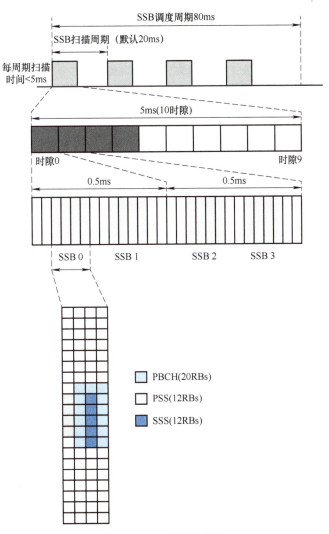

图 4-2　SSB 时序示意图

2. 公共信道干扰

SSB 波束是小区级波束，gNodeB 按照 SSB 周期（NRDUCell.SsbPeriod）周期性地发送 SSB 波束，广播同步消息和系统消息。根据 3GPP TS 38.213 V15.12.0 4.1 Cell search 章节规定，SSB 波束的最大波束个数见表 4-2。UE 会接收到每个波束的信号，并在信号质量最优的波束上完成同步和系统消息解调。

表 4-2　不同频率下的最大波束个数

工作频率（F）	最大波束个数
1.88GHz<F≤7.125GHz	8
F<1.88GHz	4

不同的天线端口会决定 SSB 波束数量，天线数与广播波束的管理方式见表 4-3。

NR 小区使用一个 SSB 波束时，可以通过 NRDUCell.SsbTimePos 控制 SSB 的时域位置，不同小区间 SSB 时域位置不同时可以提升小区 SSB 的 SINR。NR 小区使用多个 SSB 波束时，通常每个时刻发送一个方向的波束，不同时刻发送不同方向的 SSB 波束，完成对整个小区的覆盖。

表 4-3　天线数与广播波束管理方式

天线数	广播波束的管理方式
1T	小区直接发出一个 SSB 波束
2T	和参数 NRDUCellTrp.AntPolarization 的配置值相关 ◆ 参数配置成"DEFAULT"时，小区在两个射频通道轮流发送 SSB 波束，总共两个 SSB 波束 ◆ 参数配置成"SINGLE_POLARIZATION"时，小区会按照当前时隙配比能够支持的最多 SSB 个数来发送波束，消耗的时频资源也会变多。广播信道、同步信号的覆盖提升 1 ~ 3dB（数据信道功率不变），可能会吸收远点用户，导致 KPI 指标恶化 ◆ 参数配置成"DOUBLE_POLARIZATION"时，小区在两个射频通道同时发送 SSB 波束，总共一个 SSB 波束
4T	和参数 NRDUCellTrp.AntPolarization 的配置值相关 ◆ 参数配置成"DEFAULT"时，小区在 4 个射频通道轮流发送 SSB 波束，总共 4 个 SSB 波束 ◆ 参数配置成"SINGLE_POLARIZATION"或"DOUBLE_POLARIZATION"时，小区会按照当前时隙配比能够支持的最多 SSB 个数来发送波束，消耗的时频资源也会变多。广播信道、同步信号的覆盖提升 3 ~ 6dB（数据信道功率不变），可能会吸收远点用户，导致 KPI 指标恶化
8T[a]	和参数 NRDUCellTrp.AntPolarization 的配置值相关 ◆ 参数配置成"DEFAULT"或"DOUBLE_POLARIZATION"，对应 4H1V 形态天线的处理，基站会获取 4H1V 天线对应的权值文件。以 ATD4516R8 天线为例，波束覆盖范围为（水平 3dB 波宽 90°，垂直 3dB 波宽 6°）。小区在 8 个射频通道同时发送 SSB 波束，总共 4 个 SSB 波束 ◆ 参数配置成"2H2V_DOUBLE_POLARIZATION"时，对应 2H2V 形态天线的处理，基站会获取 2H2V 天线对应的权值文件 　开启广播波束加密功能，广播波束按照当前时隙配比支持的最大波束个数进行发送，提升小区覆盖性能，消耗的时频资源也会变多

当网络中存在邻区间 SSB 波束个数配置不一致的情况时，小区间的公共信道（包括 SSB 和 RMSI）数据发送的时、频域位置无法完全对齐，邻区公共信道会对本小区 PDSCH 信道产生干扰，严重影响小区下行吞吐率。

3. 现网配置

4G 网络的频点为 20MHz，如果频谱资源丰富，可支持多个频点，可实现室内与室外异频组网，如中国移动 LTE 网络，室内使用 Band40（2320 ~ 2370MHz），共 50MHz 带宽，可支持 3 个 LTE 频点；室外使用 Band41（2496 ~ 2690MHz），初期为 Band38 的 2570 ~ 2620MHz，共 50MHz 带宽，也可以支持 3 个 LTE 频点。

5G 网络的频点拓展到 100MHz，已不支持室内与室外异频组网。以中国移动为例，5G 网络使用 n41 频段，室内与室外同频组网；中国电信/中国联通共建 5G 网络，使用 n78 频段，同样是室内与室外同频组网。

5G 现网室外宏站默认配置 SSB 8 波束，对应 8 个 SSB 资源轮流发送，每周期（如 20ms）会在 4 个时隙上发送 8 个 SSB。室内基站由于历史原因，初期只考虑单端口建设，升级到 5G 后开始规划两端口配置，室分 1T/2T 默认配置 1/2 个 SSB 波束。

以双路 DAS 为例，每周期仅一个时隙上发送两个 SSB，室内外上下行同步情况下，在时隙 0 上同时刻均发送 SSB，不会对室分 PDSCH 造成干扰，但宏站在发送其余 6 个 SSB 时，室分同时刻无 SSB，被下行 PDSCH 业务信道占用，故而宏站在发送这 6 个 SSB 的时刻会对同时刻室分 6 个对应宏站 SSB 时刻的 PDSCH 信道频域资源产生下行干扰，如图 4-3 所示，从而影响室分用户速率等。

图 4-3　室外宏站对室分的公共信道干扰

4．干扰协同方法

以 2T 小区为例，对室分 5G 小区配置 SSB 8 波束，SSB 发送次数由 2 次变为 8 次（波束个数与宏站对齐），且单个 SSB 波束由单天线发送变为 2 天线发送，带来 SSB 信号强度产生阵列增益，从而增加 SSB 波束强度，影响覆盖范围。

室分 5G 小区的 SSB 波束与室外宏站对齐后，会产生新的问题：SSB 波束对齐后，单个 SSB 波束由单天线发送变为 2 天线发送，小区 SSB 覆盖电平增强，个别小区边缘覆盖劣化，造成接通、掉线、感知速率等指标劣化。

为减少 SSB 波束带来的边缘覆盖恶化，建议使用如下方案。

室分小区 SSB 波束对齐后，TOP 差小区功率下调 3 ～ 6dB，SSB 电平恢复至原来水平。功率下降后，SSB 功率恢复至原来水平，但业务信道功率同样下降，对指标也略有影响。

室分小区 SSB 功率偏置为 −3 ～ −6dB，SSB 电平总体覆盖增强，但 SSB 有效覆盖范围不变，结合现网功率配置要求和恢复效果。通过 SSB 功率偏置实行优化调整，调整后 TOP 差小区恢复至 SSB 波束对齐前水平，见表 4-4。

表 4-4　SSB 功率偏置实行优化调整效果

整 体 情 况	无线接通率	无线掉线率（小区级）	切换成功率	上行用户平均速率 /（Mbit/s）	下行用户平均速率 /（Mbit/s）	最大用户数
SSB 波束对齐前	98.90%	0.57%	99.77%	1.64	111.4	10705.3
SSB 波束对齐后	98.33%	0.68%	99.79%	1.12	92.2	12777.0
TOP 小区处理后	98.88%	0.59%	99.78%	1.74	113.4	11905.3

4.1.3　基于干扰簇的干扰协同方法

1．5G 系统内干扰方法

随着 5G 网络规模的增大以及 5G 用户数量的增加，由同频组网而带来的 5G 系统内干扰逐渐增大。5G 系统内干扰的原因是 5G 小区与邻区的重叠覆盖区域内的邻区的 5G 终端，在做业务时发射功率对该 5G 小区造成的上行干扰。

5G 系统内干扰无法通过"频谱分析仪 + 上站"的系统外干扰排查方法进行定位。由于移动通信的特点，5G 小区之间的重叠覆盖无法消除，因此，当重叠覆盖区域接入较多 5G 用户时，必然产生较大的上行干扰。

目前的 5G 系统内干扰监控是通过监测"5G 最强一小时干扰小区数占比"指标，选取一段周期（如一周粒度）的最强一小时干扰小区数据，对出现最强一小时干扰的频次进行分析。如图 4-4 所示，某区域 5G 系统内最强一小时干扰小区，在一个小时内只出现 1 次的小区占比为 39.45%。

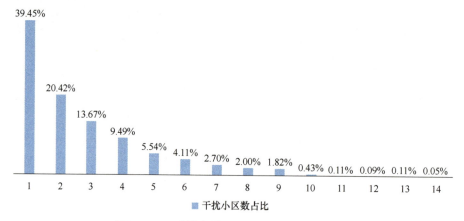

图 4-4　5G 系统内最强一小时干扰小区数占比

由此可知，5G 系统内最强一小时干扰小区，在一小时内只出现 1 次的小区占比最高，突发性高，且有很强的时效性，过后自动消失，不能参考传统的干扰排查方法进行处理。针对时效性强的 5G 系统内干扰，目前的解决方法是对出现高干扰的小区进行射频调整，缩小其覆盖范围，降低该 5G 小区与周边邻区的重叠覆盖率。

传统 5G 系统内干扰的解决方法存在一定的不足，体现如下。

1）目前发现的 5G 高干扰小区其实是受干扰严重的小区，即：高受扰小区，干扰源是其周边邻区的 5G 终端，尤其是与邻区重叠覆盖范围下的 5G 终端。根据现有的解决方法，针对高受扰小区，通过射频调整，压缩其覆盖范围，一定程度上可以减少与周边 5G 邻区的重叠覆盖区域，但是，从网络干扰的整体情况来看，干扰源并未消除，干扰强度并未降低，因此，现有的解决方法的结果是：周边会出现新的高受扰 5G 小区。

2）5G 系统内干扰存在突发性，从干扰原因来看，5G 系统内干扰是由于 5G 网络接入用户增多后，5G 终端对周边邻区的上行干扰导致，尤其是处于 5G 小区与周边邻区重叠覆盖区域内的终端，其发射功率对周边 5G 邻区造成了较大的上行干扰。目前的解决方法是调整高干扰小区的天线，压缩其覆盖范围，但是 5G 小区之间的重叠覆盖无法消除，被调整射频的高受扰小区，覆盖范围收缩，会导致整体 5G 网络覆盖性能下降，影响使用感知。

3）传统针对 5G 高干扰小区的解决方法具有明显的滞后性，在 5G 高干扰小区，即高受干扰小区以及周边邻区的重叠覆盖未得到真正解决时，在业务忙时，整体区域（5G 高干扰小区以及周边邻区）的 5G 终端都会受到高干扰的影响，使用感知下降。

2. 基于性能的"长周期、短周期"机制

通过性能统计，以及系统内干扰特有的时频域特征，筛选出 5G 系统内干扰小区；建立"长周期、短周期"判决机制，长周期用来收集 5G 小区的 MR 测量报告，短周期用来实时监测 5G 小区的上行干扰性能。

（1）小区干扰性能统计

统计 5G 小区的干扰指标，可定义不同时间周期的 5G 小区干扰，关注小区级干扰平均值，以及各 PRB 接收干扰平均值。

5G 小区干扰性能统计项：N.UL.NI.Avg。

5G 小区 PRB 接收干扰平均值统计项：N.UL.NI.Avg.PRB0 ～ PRBxxx（如 NR TDD 100MHz 小区，PRB 范围是：PRB0-PRB272）。

（2）筛选出类别为 5G 系统内干扰的小区

5G 系统内干扰主要是指 5G 小区与周边邻区的上行 PRB 资源分配碰撞带来的干扰，在业务量大的忙时出现，如图 4-5 所示，某区域 NR TDD 100MHz 5G 网络（2.6GHz 频段）的系统内干扰小区数与 5G 全网最大 RRC 连接用户数关联较大，尤其是早晚高峰上下班忙时 5G 系统内干扰小区数上升明显。

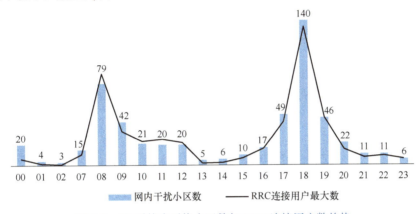

图 4-5　5G 系统内干扰小区数与 RRC 连接用户数趋势

如发现 5G 高干扰小区与业务忙时相匹配，即 5G 高干扰主要在 RRC 连接用户数增多时出现，则粗定界该 5G 高干扰小区是系统内干扰。

（3）建立"长周期、短周期"判决机制

长周期用来收集 5G 小区的 MR 测量报告，可设置为 3 天、7 天或其他周期；短周期用来实时监测 5G 小区的上行干扰性能，可设置为 30min、15min、5min 或其他周期。

3. 建立干扰簇及高干扰用户集

建立包括高干扰小区与高受扰小区的干扰簇，根据性能统计，筛选 5G 系统内高干扰小区，建立集合 $A1$，按长周期收集高干扰小区的 MR 测量报告，筛选其中重叠覆盖率超过一个门限 T_1 的 5G 同频小区，由此建立干扰簇 $B1$。

（1）干扰性能统计

根据干扰性能统计数据，筛选 5G 系统内高干扰小区，建立集合 $A1$；可参考小时级粒度，采集以下性能统计。

上行每 PRB 接收的干扰噪声（小区级）：统计上行每 PRB 上检测到的干扰噪声的平均值 N.UL.NI.Avg。

判决小区级上行每 PRB 上检测到的干扰噪声的平均值 N.UL.NI.Avg，如干扰值超过 −110dBm（经验值，可设置其他值），认为存在上行干扰，将其纳入集合 $A1$。

回顾 5G 系统内干扰产生原理：当终端进行上行业务时，其上行发射信号对服务小区来讲就是有用信号，而对邻区来讲则是干扰信号。一般来说，终端到邻区的无线传输损耗越小，邻区的上行接收信号也就越强，系统内邻区上行干扰也就越强。因此，5G 系统内干扰一般发生在业务量高、用户数多的 5G 小区的周边邻区，且该 5G 小区与邻区间的重叠覆盖率较高。

（2）建立干扰簇

采集集合 $A1$ 的每一个高干扰小区的 MR 测量报告统计数据，筛选其中重叠覆盖率超过一个门限 T_1 的所有 5G 同频小区，由此建立整体干扰簇 $B1$。

采集集合 $A1$ 的每一个高干扰小区的 MR 测量报告，包括 MR 采样点服务小区 RSRP 值、邻区 RSRP 值。

重叠覆盖率判决门限建议如下（门限值可根据实际情况调整）：

服务小区 RSRP>−118dBm；

邻区 RSRP 与服务小区 RSRP 差值绝对值 <6dB；

筛选其中重叠覆盖率超过一个门限 T_1（如 10%，可根据实际情况调整）的所有 5G 同频小区。

对于集合 $A1$ 中的 5G 高干扰小区，通过计算重叠覆盖率，可发现超过门限 T_1 的可能是多个邻区，由 5G 系统内干扰原理可知，$A1$ 集合的 5G 小区，与重叠覆盖率超过 T_1 的多个邻区，互为干扰源，将其全部纳入干扰簇 $B1$。

（3）建立高干扰用户集

建立高干扰用户集，针对干扰簇 $B1$ 中的每个 5G 小区，按短周期实时监测小区下接入的每个 5G 用户，是否落在小区与邻区重叠覆盖范围内，满足 $S_{RSRP}-N_{RSRP}<T_2$，将满足预设条件的用户纳入高干扰用户集 $C1$。

针对干扰簇 $B1$ 中的每个 5G 小区，实时监测小区下接入的 5G 用户的 MR 测量报告值，使用小于 1h 粒度的统计周期，如 15min 或 5min 周期。

判决接入的 5G 用户，是否落在该 5G 小区与邻区的重叠覆盖范围内，即满足 $S_{RSRP}-N_{RSRP}<T_2$。

其中，S 小区、N 小区都被要求归属于干扰簇 $B1$ 中的 5G 小区；T_2 门限可设置为 6dB，也可按实际情况设置其他值。

4. 调整 PRB 调度策略

监测干扰簇 $B1$ 下所有小区的 PRB 受干扰情况，依据干扰性能统计，将高干扰用户集 $C1$ 下每一个 5G 用户，在该用户归属的 5G 小区下，调整其调度策略，PRB 调度起始位置设置为未受扰的 PRB 资源。

监测干扰簇 $B1$ 下所有小区的 PRB 受干扰情况，统计指标项如下。

PRB0 上行干扰测量（PRB0.UL.Interference.DuCell），N.UL.NI.PRB0；

……

PRB272 上行干扰测量（PRB272.UL.Interference.DuCell），N.UL.NI. PRB272。

判决 PRB*** 上行干扰测量值低于 −110dBm 的 PRB 为未受扰的 PRB 资源。

由于 5G 系统内干扰随业务出现，不同于外部干扰源的恒定的干扰强度以及长时间的周期的特征，5G 系统内干扰具有很强的时效性，出现的周期短，干扰强度低，且不固定在某个频域（即：不固定在某一个或多个 PRB）。

为了便于计算，可分段计算干扰平均值，下面举例中分段的 PRB 数可根据实际情况进行调整。

PRB0-99 上行干扰测量（PRB0To99.UL.Interference.DuCell），平均值：N.UL.NI.Avg.PRB0 ～ N.UL.NI.Avg.PRB99；

PRB100-199 上行干扰测量（PRB100To199.UL.Interference.DuCell），平均值：N.UL.NI.Avg.PRB100 ～ N.UL.NI.Avg.PRB199；

PRB200-272 上行干扰测量（PRB200To272.UL.Interference.DuCell），平均值：N.UL.NI.Avg.PRB200 ～ N.UL.NI.Avg.PRB272。

通过实时监测干扰簇 $B1$ 下所有小区的 PRB 受干扰情况，以及分段 PRB 上行干扰测量平均值的计算，得到 $B1$ 集合下 5G 小区未受扰的 PRB 资源，可参考分段情况，得到未受扰的 PRB 资源段。如某 5G 小区未受扰 PRB 资源为：PRB100-PRB199 与 PRB200-272。

对于高干扰用户集 $C1$ 下每一个 5G 用户，在该用户归属的 5G 小区下，调整其调度策略，PRB 调度起始位置设置为未受扰的 PRB 资源。如某 5G 小区未受扰 PRB 资源为：PRB100-PRB199 与 PRB200-272，可设置 PRB 调度起始位置设置为 PRB100。

5. 判决干扰簇 PRB 利用率

判决干扰簇 $B1$ 的整体 PRB 资源利用率，如发现上行 PRB 利用率超过一个门限 T_3，则开启 $B1$ 集的 5G 小区的基于质量切换的功能，设置 SINR 门限值为 T_4，将满足预设条件的 5G 用户切换至 5G 异频小区或 4G 小区。

对于集合 $A1$ 的 5G 高干扰小区 a_1，通过重叠覆盖率计算，找到满足要求的邻区 b_1，或多个邻区 b_1、c_1。

判决如果 a_1、b_1、c_1 三个小区的上行 PRB 利用率超过一个门限 T_3，如 80%，即表示此干扰簇包括的 a_1、b_1、c_1 三个小区都接入较多的 5G 用户，在重叠覆盖区域，三个小区的 5G 终端碰撞概率大，因此不能通过 PRB 资源调度来规避 5G 系统内干扰。

开启 $B1$ 集下 5G 小区的基于质量切换的功能，设置 SINR 门限值为 T_4，将满足预设条件的 5G 用户切换至 5G 异频小区或 4G 小区。

在 $B1$ 集下 5G 小区，检测到 UE SINR< 目标门限值 T_4，如设置为 -2dB，则启动基于质量切换，将满足预设条件的 5G 用户切换至 5G 异频小区或 4G 小区。

需注意的是：基于质量切换是小区级参数，并不能针对某个 5G 用户，有一定的概率，$B1$ 集的 5G 小区下接入的用户，满足预设条件：UE SINR<T_4，该用户可能在重叠覆盖区域内，也可能处于小区覆盖边缘（由于弱覆盖导致的上行质量差），此类满足条件的 5G 用户，都将被切换 5G 异频小区或 4G 小区。

实时监测 5G 小区干扰统计，对于集合 $A1$ 中新出现的 5G 系统内高干扰小区，重新判决是否列入干扰簇 $B1$；对于退出集合 $B1$ 的 5G 小区，恢复参数设置，如 PRB 调度策略，重选入策略，关闭向 5G 异频小区及 4G 小区的基于质量切换功能。

6. 小结

相比传统优化方法只针对高受扰小区，基于干扰簇的系统内干扰协同方法是从 5G 系统内干扰的原因入手，整体考虑高受扰小区与高干扰小区，针对干扰簇 $B1$ 给出解决方法，对于干扰源有明显的作用。相比传统的针对 5G 高干扰小区进行射频调整的方法，本方法通过 5G 小区的 PRB 资源调度以及 5G 异频切换或 5G 向 4G 的系统间切换，尽量减少 5G 小区间重叠覆盖导致的干扰，不涉及射频调整，不影响 5G 覆盖性能。

4.2　大气波导干扰

4.2.1　大气波导干扰原理

大气波导效应主要是由于近地层的电磁波传播时，传播轨迹弯曲向地面，若折射率超过了地球表面曲率，则部分电磁波就会陷获在具有一定厚度的大气波导层内，其传播过程中能量损耗小，就会导致超远距离传播现象的发生。大气波导形成条件中，主要受湿度与温度的影响。当近地位置温度较低，温度 T 随高度增加时，就会形成一个逆温层，并且，水气密度 e_w 随高度上升形成大气湿度的锐减层时。大气折射系数超过地球表面曲率，就会导致大气波导现象的发生，其公式如下：

$$N=（n-1）\times 10^6 = \frac{77.6}{T}\left(P+\frac{4810e_w}{T}\right)=77.6\frac{P}{T}+3.73\times 10^5\frac{e_w}{T^2} \qquad (4-1)$$

NR TDD 制式系统中，采用上下行同频传输方案，基站间的上行与下行信号间是通过 GP（Guard Period，上下行时隙保护间隔）配置实现干扰的规避。由于信号在大气波导层内传播的损耗很低，及时经过 GP 的保护距离后，远端基站的下行信号仍然具备较强的功率。这就会引起近端基站中，处于上行接收时隙的站点产生严重的同频干扰问题。

在 TDD 系统的时隙结构中，通过设置 GP 隔离上、下行时隙，避免上下行信号间互相干扰。中国移动 NR TDD 制式的 1 个无线帧共包含 10 个时隙，上下行时隙配比设置为 DL：UL＝8：2，每个时隙包含 14 个 OFDM 符号，其中特殊子帧配置为"DwPTS：GP：UpPTS＝6：4：4"，特殊子帧前后时隙的配置图如图 4-6 所示。

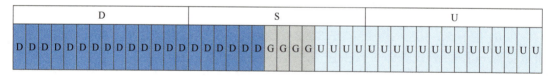

图 4-6　特殊子帧前后时隙配置图

如图 4-7 所示，在大气波导效应的影响下，施扰站 gNodeB 的信号远距离传输至受干扰 gNodeB，当传输时间超过 GP 时，施扰站 gNodeB 的下行信号在受扰站 gNodeB 的上行时隙被接收，受扰站 gNodeB 的上行信号受到严重干扰，NR TDD 网络产生远端同频干扰。

因此，大气波导干扰的典型特征是 gNodeB 小区上行受到干扰，且干扰强度在时域具备斜坡特征，具体表现为 GP 收到干扰最强，之后，在时域干扰强度随着符号递减。大气波导干扰在时域的特征如图 4-8 所示，图中的横坐标为时域，起始符号为特殊子帧，前 6 个符号为下行 DwPTS，可以发现受干扰最严重的是 GP 符号，在时域内，干扰强度随着符号递减，直至特殊子帧后面的上行时隙的第 4 个符号。由于大气波导干扰可能存在不止一个干扰源，不同干扰源的传输距离不同，故在受干扰的小区中越是靠近 GP 的上行符号受到的干扰越强，可根据这种干扰特征判断小区是否受到远端干扰。

大气波导干扰的统计指标特征如下。

1）gNodeB 小区受到上行干扰的影响：指标 N.UL.NI.Avg（表征 gNodeB 小区上行受到干扰强度平均值）抬升明显，例如 N.UL.NI.Avg>−110dBm。

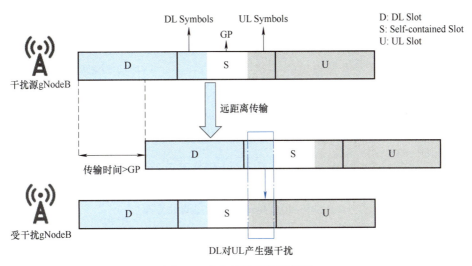

图 4-7　大气波导干扰原理图

2）小区所受的上行干扰具备斜坡特征：N.GAP.LastSymbol.Pwr 与 N.UL.Last.Symbol13.Pwr 差值较大，例如 N.GAP.LastSymbol.Pwr-N.UL.Last.Symbol13.Pwr＞5dB。

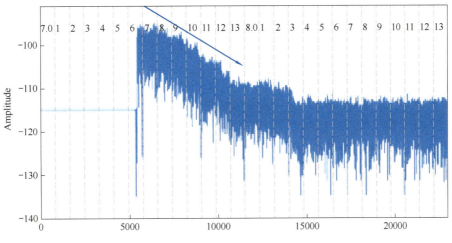

图 4-8　大气波导干扰时域典型特征

4.2.2　远端干扰管理技术

3GPP 针对 NR TDD 大气波导类干扰，开展远端干扰管理（Remote Interference Management，RIM）专项研究，2020 年 6 月确定 R16 版本。中国移动采用标准中的 RIM Framework-1 框架，如图 4-9 所示。框架支持施扰方和受扰方之间通过 RIM-RS 来识别干扰存在，目的是识别到干扰时，及时触发干扰缓解措施。远端干扰管理 RIM 是根据电磁波可逆性原理，施扰站在通过"大气波导效应"将下行信号传输至受扰站时，受扰站的下行信号也可以通过"大气波导效应"传输至施扰站。

具体技术方案描述如下。

1）在特定气象、地理条件下发生大气波导干扰，存在施扰站点与受扰站点的电磁波传播通路，无线信号在大气波导中以近似于自由空间传播损耗形成超远距离传播，导致对远端同频组网站点造成干扰。

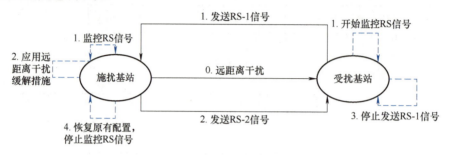

图 4-9　RIM Framework-1 框架示意图

2）根据电磁波传播可逆性原理，受扰基站检测到自身接收信号存在底噪抬升及斜坡特性（大气波导特征）后，开启 RS 监控，并开始发送 RS-1 信号；施扰站根据中控台信息开启 RS 信号监控。

3）当施扰站检测到受扰站发出的 RS-1 信号后，开启自适应干扰缓解调整措施，并发送 RS-2 信号。

4）若受扰站能收到 RS-2 信号，则代表自身仍然受到施扰站干扰，此时受扰站继续发送 RS-1 信号。若在限定周期内，受扰站未再收到 RS-2 信号且底噪恢复，则说明大气波导通路已消失，受扰站将停止 RS-1 信号的发送。

5）施扰站若持续收到 RS-1 信号则继续保持规避大气波导干扰的缓解措施，若未收到则开始恢复原有配置。

需要注意的是，在步骤 2）中，受扰基站检测到大气波导干扰的特征后，开始发送 RS-1 信号，RS-1 信号是配置在受扰基站特殊时隙下行的最后两个符号。可以通俗地理解为：干扰源基站特殊时隙下行的最后两个符号，经过大气波导效应，落在受扰基站的特殊时隙上行符号以及紧接着的上行时隙的上行符号上，形成干扰。在检测到大气波导干扰后，受扰基站配置 RIM RS-1 信号，按照大气波导互易性原理，干扰源基站的特殊时隙上行符号以及紧接着的上行时隙的上行符号可以检测到受扰基站发出的 RIM RS-1 信号，如图 4-10 所示。

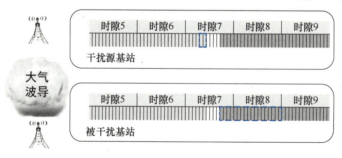

图 4-10　RIM RS-1 信号配置示意图

4.2.3　大气波导干扰源定位

发生 5G 大气波导干扰的区域会突发出现较多受干扰小区，且不分时段，不随着业务的忙闲程度有所缓解。5G 小区受大气波导干扰时，在受扰时隙上会产生斜坡特性，干扰源分布不同时会存在不同程度的斜坡特性。将干扰类型归类为"大气波导"干扰后，在受扰站配置 RS-1 信号，并在周边较大地理范围的基站检测 RS-1 信号，如发现某些 5G 基站检测到 RS-1 信号，则表明这些基站是引起大气波导干扰的施扰站，即干扰源基站。

1. 现有的大气波导干扰源定位方法

目前的 5G 网络大气波导干扰场景施扰站的定位方法存在一定的不足，分析如下。

首先，5G 基站通过受扰时隙接收到干扰信号的斜坡特性，确定其受到大气波导干扰，为受扰站配置 RS-1 并发送该信号，但是周边大范围基站无法检测到 RS-1 信号。分析其原因："大气波导效应"产生时，施扰站的下行信号由于某种情况，进入"大气波导"时信号强度较强，传输至受扰站时，仍然具有较强的信号强度；但是，受扰站的下行信号可能由于进入"大气波导"的信号强度较低，经过"大气波导"传输至施扰站时，信号强度过低导致施扰站无法检测到。

其次，周边部分基站检测到 RS-1 信号后实施干扰缓解措施，但是受扰站的干扰程度并未降低等。分析其原因，"大气波导效应"是在较大的地理范围形成，并不是字面意义上理解的"导管"概念，因此，大气波导干扰的施扰站可能是多个干扰源，由多个施扰站信号共同叠加形成干扰信号，对受扰站进行干扰。

结合干扰监测指标来看，受扰站的上行时隙检测到干扰信号，按照电磁波传播可逆性原理，施扰站的上行时隙也应接收到受扰站发出的干扰信号，但是，实际检测过程中，将出现的干扰归类为大气波导干扰后，会发现高干扰站点仅是受扰站点，并不能通过干扰指标来发现施扰站。

同理，基于 RIM 功能的远端干扰管理，也会存在不能发现远端施扰站，或不能发现全部施扰站的情况。

2. 大气波导干扰源定位增强方法

基于 RIM 技术的大气波导干扰场景施扰站定位增强方法，在出现大气波导效应时，排查远端干扰施扰站过程中，主动为 5G 网络的受扰站配置垂直波束，增强受扰站进入"大气波导"的下行信号的信号强度，从而增强其传输至施扰站的无线信号强度，使得施扰站及时检测出受扰站发出的 RS-1 信号，从而发现引起大气波导干扰的施扰站点，及时实施干扰缓解与规避方案。

（1）监测大气波导受扰站

通过干扰指标监控，发现 5G 网络高干扰小区，且符合大气波导干扰特征，定义为大气波导受扰站，将其归类为序列 S0。

统计 5G 小区的干扰指标，通过干扰指标监控，发现 5G 网络高干扰小区。可定义不同时间周期的 5G 小区干扰，关注小区级干扰平均值，以及各 PRB 接收干扰平均值。

5G 小区干扰性能统计项：小区 RB 上行平均干扰电平（PHY.ULMeanNL._PRB）指标，表征统计周期内各 PRB 底噪的平均值。

5G 小区 PRB 接收干扰平均值统计项：N.UL.NI.Avg.PRB0 ～ PRBxxx（如 NR TDD 100MHz 小区，PRB 范围是：PRB0-PRB272）。

受大气波导干扰影响的 5G 小区会在时域符号维度存在受干扰功率呈斜坡下降的特征，即从上行导频时隙 UpPTS 开始受干扰，直至上行子帧的最后一个符号干扰逐渐减弱。

将受到高干扰，且符合大气波导干扰特征的 5G 小区，定义为大气波导受扰站，将其归类为序列 S0。

（2）为受扰站配置 RIM RS-1

基于 RIM 功能，为受扰站配置 RS-1，在检测周期内观测接收到 RS-1 信号的周边 5G 基站，可明确是大气波导施扰站，将其归类为序列 S1。

一般情况下，RS-1 信号配置在特殊子帧下行导频时隙的最后一个符号，如图 4-11 所示，n41（2.6GHz）频段下行：上行子帧配比为 8：2，特殊子帧时隙配比为 6：4：4，受扰站 RS-1 可配置特殊子帧下行导频时隙的最后一个符号，即下行导频时隙的第 6 个符号。

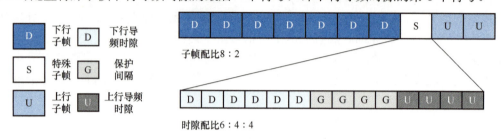

图 4-11　n41 频段下行上行子帧配比与特殊子帧配置

在检测周期内观测接收到 RS-1 信号的周边 5G 基站，可明确是大气波导施扰站，将其归类为序列 S1。

（3）为大气波导受扰站配置 SSB 垂直波束

为序列 S0 的 5G 大气波导受扰站配置 SSB 垂直波束，要求 SSB 垂直波束的高层波束配置大于等于两个波束。

检查序列 S0 的 5G 小区的波束设置，目前 NR TDD 系统默认选择 Massive MIMO 天线，可同时支持水平波束与垂直波束宽度调整。Massive MIMO 天线波束分为静态波束和动态波束，SSB 波束采用小区级静态波束，采用时分扫描的方式；用户数据采用动态波束，根据用户的信道环境实时赋形。

某设备厂商给出的 Massive MIMO 天线权值配置方法见表 4-5，在开阔广场覆盖场景，可选用水平 8 波束配置；在覆盖目标为中层、高层楼宇的场景，配置垂直 8 波束，如场景 ID 为 SCENARIO_9/12/15。

表 4-5　某设备厂商 Massive MIMO 天线权值配置方法

场景 ID	水平波宽	垂直波宽	方位角	数字倾角	波束配置 / 个	应用场景
Default	105°	6°	0°	−3°～30°	8	标准宏覆盖（开站默认配置）、开阔广场覆盖
SCENARIO_1	110°	6°	0°	−3°～15°	8	标准宏覆盖、开阔广场覆盖
SCENARIO_2	90°	6°	−10°～10°	−3°～15°	6	道路重叠覆盖场景
SCENARIO_3	65°	6°	−22°～22°	−3°～15°	4	道路重叠覆盖场景
SCENARIO_4	45°	6°	−32°～32°	−3°～15°	4	标准低层楼宇场景（独栋）
SCENARIO_5	25°	6°	−42°～42°	−3°～15°	2	标准低层楼宇场景（独栋）
SCENARIO_6	110°	12°	0°	0°～12°	8	广覆盖中层楼宇场景（多栋）、道路弱覆盖
SCENARIO_7	90°	12°	−10°～10°	0°～12°	6	中层楼宇重叠覆盖场景

（续）

场景 ID	水平波宽	垂直波宽	方位角	数字倾角	波束配置 / 个	应用场景
SCENARIO_8	65°	12°	−22°～22°	0°～12°	4	中层楼宇重叠覆盖场景
SCENARIO_9	45°	12°	−32°～32°	0°～12°	8	标准中层楼宇场景（独栋）
SCENARIO_10	25°	12°	−42°～42°	0°～12°	4	标准中层楼宇场景（独栋）
SCENARIO_11	15°	12°	−47°～47°	0°～12°	2	标准中层楼宇场景（独栋）
SCENARIO_12	110°	25°	0°	3°，6°	8	广覆盖高层楼宇场景（多栋）
SCENARIO_13	65°	25°	−22°～22°	3°，6°	4	高层楼宇重叠覆盖场景
SCENARIO_14	45°	25°	−32°～32°	3°，6°	4	标准高层楼宇场景（独栋）
SCENARIO_15	25°	25°	−42°～42°	3°，6°	8	标准高层楼宇场景（独栋）
SCENARIO_16	15°	25°	−47°～47°	3°，6°	4	标准高层楼宇场景（独栋）

为序列 S0 的 5G 大气波导受扰站配置 SSB 垂直波束，给小区配置自定义权值波束方案，为了尽量不影响当前的水平覆盖性能，可考虑采用 SSB 1+X 和 SSB 5+2 方案。

SSB 1+X 方案的 "1" 指水平方向配置 1 个 SSB 波束，"X" 指垂直方向配置 X 个 SSB 波束，1+X 总和不超过 8，即总的配置 SSB 波束不超过 8 个波束。

SSB 5+2 方案的 "5" 指水平方向配置 5 个 SSB 波束，"2" 指垂直方向配置 2 个 SSB 波束。

SSB 垂直波束的高层波束配置要求大于等于 2，可考虑 SSB H6+V1+V1 的波束配置方案，其中 H6 表示水平方向配置 6 个 SSB 波束，V1 表示垂直方向配置 1 个 SSB 波束。

（4）增强受扰站传播入 "大气波导" 的信号强度

为受扰站配置 SSB 垂直波束，增强受扰站传播入 "大气波导" 的信号强度，在新的检测周期观测接收到 RS-1 信号的周边 5G 基站，将接收到 RS-1 信号的 5G 基站归类为 S2。为序列 S0 的 5G 小区配置 SSB 垂直波束的目的是为了增强受扰站传播入 "大气波导" 的信号强度，序列 S0 配置的 RS-1 信号也随之增强。

在新的检测周期观测接收到 RS-1 信号的周边 5G 基站，接收到 RS-1 信号的 5G 基站都可认定为大气波导干扰的施扰站，将接收到 RS-1 信号的 5G 基站归类为 S2。

（5）检测大气波导施扰站

比较序列 S2 与序列 S1，如 S2 包含 S1，表明配置 SSB 垂直波束发现更多的大气波导施扰站，为序列 S2 的 5G 基站配置大气波导干扰缓解措施，并观测序列 S0 基站的干扰指标。

比较序列 S2 与序列 S1，如 S2 包含 S1，表明配置 SSB 垂直波束发现更多的大气波导施扰站。

如考虑进一步发现大气波导施扰站，可考虑 SSB H4+V2+V2 的波束配置方案，其中 H4 表示水平方向配置 6 个 SSB 波束，V2 表示垂直方向配置 2 个 SSB 波束；此时在垂直方向配置了 4 个 SSB 波束，可增大进入大气波导的概率以及增强传播入大气波导的信号强度。

为序列 S2 的 5G 基站配置大气波导干扰缓解措施，可考虑以下措施。

增大特殊子帧 GP，如将特殊子帧配置 10：2：2 更改为 6：4：4，甚至更进一步到 3：9：2；将特殊子帧的前一个下行子帧进行调度关断，实现规避干扰；将特殊子帧前的下行时隙调度下倾波束用户，限制调度上扬波束用户，实现规避干扰。

观测序列 S0 基站的干扰指标，如发现大气波导干扰已消失，则表明大气波导施扰站定位准确，施扰站实施干扰缓解措施后，对远端的大气波导受扰站的干扰已消失。如发现仍存在大气波导干扰，则需重复执行，进一步发现大气波导施扰站并实施大气波导干扰缓解措施。

3. 小结

为大气波导受扰站配置 SSB 垂直波束，增强受扰站传播入"大气波导"的信号强度，在新的检测周期观测接收到 RS-1 信号的周边 5G 基站，接收到 RS-1 信号的 5G 基站都可认定为大气波导干扰的施扰站。为了尽量不影响大气波导受扰站当前的水平覆盖性能，给出可选择的 SSB 垂直波束配置方案。如考虑进一步发现大气波导施扰站，可考虑 SSB H4+V2+V2 的波束配置方案，其中 H4 表示水平方向配置 6 个 SSB 波束，V2 表示垂直方向配置 2 个 SSB 波束；此时在垂直方向配置了 4 个 SSB 波束，可增大进入大气波导的概率以及增强传播入大气波导的信号强度。

4.2.4　大气波导干扰协同规避

1. 大气波导干扰协同规避

大气波导干扰协同规避功能是根据 RIM-RS 检测结果动态调整 GP，达到降低远端干扰对 gNodeB 影响的目的。现有 5G 网络大气波导干扰场景基于 RIM 的干扰协调方法如下所述。

当发生 5G 大气波导干扰时，通过 RIM 技术，检测到大气波导施扰站，由于电磁波传播的可逆性，受扰站也会对施扰站进行干扰，将受扰站与施扰站以及周边 5G 基站的特殊子帧的 GP 时隙扩大，如图 4-12 所示。正常的特殊子帧配置为"DwPTS：GP：UpPTS＝6：4：4"，扩大 GP 后特殊子帧配置变为"DwPTS：GP：UpPTS＝6：18：4"。

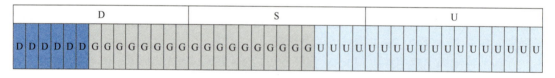

图 4-12　现有 5G 网络大气波导干扰场景干扰协调方法

可以发现，NR TDD 无线帧损失了一个下行时隙（14 个符号），将 GP 由 4 个符号扩大至 18 个符号，从而增加时域的传播保护间隔，规避大气波导干扰。

现有 5G 网络大气波导干扰场景基于 RIM 的干扰协调方法存在明显不足：

1）资源闲置问题，将受扰站与施扰站以及周边 5G 基站的特殊子帧的 GP 扩大后，特殊子帧配置变为"DwPTS：GP：UpPTS＝6：18：4"，由于损失了一个下行时隙（14 个符号），整体 NR TDD 网络下行峰值速率永久损失 13.46%，在 5G 基站负荷为轻载状态下，下行峰值速率的损失对客户感知不会有较大影响，但是，在非轻载状态下，下行峰值速率的损失相当于缩小带宽，会影响用户使用感知。

2）调整范围较大的问题，现有的干扰协调方法是面向施扰站与受扰站以及周边的 5G 基站，"大气波导效应"是在较大的地理范围形成，大气波导干扰的施扰站可能是多个干扰源，由电磁波传播可逆性原理，受扰站也会变为干扰源，在大范围内所有基站都需要调整特殊子帧配置，维护操作的工作量大。

2. 非轻载状态的大气波导干扰协同规避

现有的 5G 网络大气波导干扰的协同规避方法存在占用较多资源，且调整范围较大的问题。

非轻载状态大气波导干扰场景基于 RIM 的干扰协调方法，在出现大气波导干扰后，统计受扰站检测到强干扰的符号数 $n1$，使用 3GPP 远端干扰管理 RIM 技术，定位到施扰站后，在施扰站与受扰站靠近 GP 的下行符号中，预留出 $n1$ 个下行符号，用来调度施扰站与受扰站接入用户中上行质量超过一定门限 $T0$ 的用户，对施扰站与受扰站对上行质量不足 $T0$ 的用户使用预留的 $n1$ 个下行符号之外的其他下行符号进行调度；通过对大气波导施扰站与受扰站的时域调度，对上行质量差的用户，即需要更多功率的用户，在预留的 $n1$ 个下行符号之外的下行时域进行调度，减轻施扰站对受扰站的远端干扰。

（1）采集特殊子帧 GP 及 UpPTS 以及后一个上行时隙的干扰强度

出现大气波导干扰后，对受到干扰的 5G 基站进行性能统计，采集受扰站从特殊子帧 GP 及 UpPTS 以及后一个上行时隙所有符号受到的干扰强度。

未出现大气波导效应时，统计 5G 小区的上行干扰强度平均值 N.UL.NI.Avg，使 5G 小区的底噪电平强度 N0=N.UL.NI.Avg。当发现较大范围的 5G 基站同时受到上行强干扰，按照大气波导干扰的统计指标特征进行核查。

gNodeB 小区受到上行干扰的影响：指标 N.UL.NI.Avg（表征 gNodeB 小区上行受到干扰强度平均值）抬升明显，例如 N.UL.NI.Avg>−110dBm。

小区所受的上行干扰具备斜坡特征：N.GAP.LastSymbol.Pwr 与 N.UL.Last.Symbol13.Pwr 差值较大，例如 N.GAP.LastSymbol.Pwr−N.UL.Last.Symbol13.Pwr>5dB。

确认受扰基站的干扰类型为大气波导干扰后，对受到干扰的 5G 基站进行性能统计，包括 5G gNodeB 小区的 N.UL.NI.Avg 值，以及从特殊子帧 GP 及 UpPTS 以及后一个上行时隙所有符号受到的干扰，如下所示。

特殊子帧 GP 符号受到的干扰强度：

```
N.GAP.Symbol01.Pwr
N.GAP.Symbol02.Pwr
N.GAP.Symbol03.Pwr
N.GAP.Symbol04.Pwr
```

特殊子帧 UpPTS 受到的干扰强度：

```
N.S.Symbol10.NI.Avg（Self-contained 时隙符号 10 的干扰噪声平均值）
N.S.Symbol11.NI.Avg（Self-contained 时隙符号 11 的干扰噪声平均值）
N.S.Symbol12.NI.Avg（Self-contained 时隙符号 12 的干扰噪声平均值）
N.S.Symbol13.NI.Avg（Self-contained 时隙符号 13 的干扰噪声平均值）
```

GP 后第一个上行时隙每个符号（共 14 个）受到的干扰强度：

```
N.UL.First.Symbol01.Pwr
N.UL.First.Symbol02.Pwr
N.UL.First.Symbol03.Pwr
N.UL.First.Symbol04.Pwr
N.UL.First.Symbol05.Pwr
N.UL.First.Symbol06.Pwr
N.UL.First.Symbol07.Pwr
N.UL.First.Symbol08.Pwr
N.UL.First.Symbol09.Pwr
N.UL.First.Symbol10.Pwr
```

```
N.UL.First.Symbol11.Pwr
N.UL.First.Symbol12.Pwr
N.UL.First.Symbol13.Pwr
```

（2）统计受扰基站检测到强干扰的符号数

统计受扰站检测到强干扰的符号数 $n1$，指从特殊子帧 GP 及 UpPTS 以及后一个上行时隙所有符号中超过底噪强度的符号个数和。

将特殊子帧 GP 及 UpPTS 以及后一个上行时隙所有符号受到的干扰强度值，逐次与 $N0$ 相减，如差值为正值，且超过一个阈值 $T1$，如 0.5dB，则计入 $n1$，且重置 $n1=n1+1$。

大气波导干扰在时域符号维度存在受干扰功率呈斜坡下降的特征，将特殊子帧 GP 和 UpPTS 以及后一个上行时隙所有符号受到的干扰强度值，逐次与 $N0$ 比较后，得到受干扰的 GP 与上行符号数 $n1$。

将所有受扰站 5G gNodeB 小区计算得到 $n1$ 值列入集合 $H0$，取最大值，确定为 $n1$ 值。

$$n1=Max（n1）$$

（3）定位到施扰站

使用远端干扰管理 RIM 技术，定位到施扰站，将施扰站与受扰站列入一个集合 $H1$。

基于 RIM 功能，为受扰站配置 RIM RS-1，一般情况下，RIM RS-1 信号配置在特殊子帧下行导频时隙的最后一个符号。n41（2.6GHz）频段下行：上行子帧配比为 8：2，特殊子帧时隙配比为 6：4：4，受扰站 RIM RS-1 配置为特殊子帧下行导频时隙的最后一个符号，即下行导频时隙的第 6 个符号。

使用 3GPP 远端干扰管理 RIM 技术，定位到施扰站，对施扰站进行干扰指标分析，检查其 gNodeB 小区的上行受到干扰强度平均值 N.UL.NI.Avg，对满足条件 N.UL.NI.Avg>−110dBm 的 gNodeB 小区列入一个集合 $H1$。将检测到的受扰站，也列入集合 $H1$。

（4）非轻载大气波导协同规避

集合 $H1$ 的 5G 基站，在靠近 GP 的下行符号中预留出 $n1$ 个下行符号，用来调度上行质量超过一定门限 $T0$ 的用户，$n1$ 之外的下行符号调度其他用户。

集合 $H1$ 的 5G 基站，包括检测到的受扰站，以及检测到的施扰站且上行受到干扰强度平均值 N.UL.NI.Avg>−110dBm。

在靠近 GP 的下行符号中预留出 $n1$ 个下行符号，用来调度上行质量超过一定门限 $T0$ 的用户，$n1$ 之外的下行符号调度其他用户。

使用指标：PDCCH 上行 DCI 聚焦级别，来表征 5G 小区下 UE 的上行质量。

NR 系统中定义了 PDCCH 可以使用（1、2、4、8、16）个连续的 CCE，其中使用的 CCE 个数又称为聚焦级别。DCI 载荷越大，对应的 PDCCH 的聚焦级别就越大。为了保证 PDCCH 的传输质量，无线信道质量越差，所需要的 PDCCH 的聚合级别也会越大。PDCCH 使用越多的 CCE 即聚合级别越高则解调性能越好，但是同时也可能导致资源浪费。gNodeB 根据信道质量等因素来确定某个 PDCCH 使用的聚合级别。

PDCCH 上行 DCI 聚焦级别不需要传输系统消息，只是通过 UE 当前的无线质量来决定使用不同的聚焦级别，因此，PDCCH 上行 DCI 聚焦级别可表征 UE 所处位置的无线信道质量。

1）设置上行质量超过一定门限 $T0$ 的定义如下：

PDCCH 上行 DCI 聚焦级别 =4；

PDCCH 上行 DCI 聚焦级别 =2；

PDCCH 上行 DCI 聚焦级别 =1。

将上行质量超过一定门限 $T0$ 的用户定义为上行质量优的用户，使其在 $n1$ 范围内的下行符号调度。

2）将设置上行质量低于一定门限 $T0$ 的定义如下：

PDCCH 上行 DCI 聚焦级别 =16；

PDCCH 上行 DCI 聚焦级别 =8。

将上行质量低于一定门限 $T0$ 的用户定义为上行质量优的用户，使其在 $n1$ 之外的下行符号调度，减少对远端的大气波导干扰。

（5）监测干扰指标

监测集合 $H1$ 的干扰指标，如上行干扰指标未改善，则将 $n1$ 递增扩大，扩大预留下行符号，来进一步规避施扰站对受扰站的远端干扰。

监测集合 $H1$ 的干扰指标，如上行干扰指标未改善，则将 $n1$ 递增扩大，可设置递增步长为 2 个符号，使 $n1=n1+2$（符号）。扩大预留下行符号，进一步规避施扰站对受扰站的远端干扰。

如上行干扰指标有改善，则监测 RIM RS-1，如受扰站监测出 RIM RS-1，则表明大气波导效应仍存在，保留设置；如未发现 RIM RS-1，则表明大气波导效应已消失，恢复原参数设置。

3. NR TDD 网络大气波导干扰优化效果

NR TDD 网络大气干扰主要发生在海域附近，以及内陆平原区域的郊区道路、城区道路、居民区等，相对 4G 更临近城区，主要原因是目前 5G 站点主要分布在城区和县城，农村和乡镇站点较少。

在实验区域统计结果中发现：大气波导干扰源主要为站高在 40m 以上的基站，施扰站 40m 及以上的小区占比 37.43%，见表 4-6，施扰站最高 78m，平均站高 35.2m。

表 4-6　大气波导干扰源基站站高分析

站高 /m	小区数量	占比
[15，20)	69	6.28%
[20，30)	375	34.15%
[30，40)	243	22.13%
[40，50)	279	25.41%
[50，60)	105	9.56%
[60，70)	21	1.91%
[70，80)	6	0.55%

干扰源下倾角分布特征：TOP 施扰站点小区下的平均总下倾角为 9.23°，其中 9°以下占比为 57.81%，见表 4-7，相对于全省平均总下倾角 7.3°，试点区域已实施一定的覆盖控制。

表 4-7　大气波导施扰站下倾角分析

下　倾　角	小 区 数 量	占　比
[0°，3°)	35	3.16%
[3°，6°)	88	7.95%
[6°，9°)	517	46.70%
[9°，12°)	237	21.41%
[12°，15°)	33	2.98%
15°以上	197	17.80%

选取实验区域的两个 5G 基站南通－启东－富太水产品有限公司 -H5H-2611 和南通－如东－洋口化工园 2-H5H-2611 进行试点，下压倾角可有效降低干扰电平约 5 ～ 7dB，如图 4-13 所示，但会影响 5G 用户数和流量，可考虑在检测到大气波导干扰后统一进行干扰规避，干扰消失时再恢复电子下压倾角，下压倾角可有效降低干扰电平约 5 ～ 7dB。

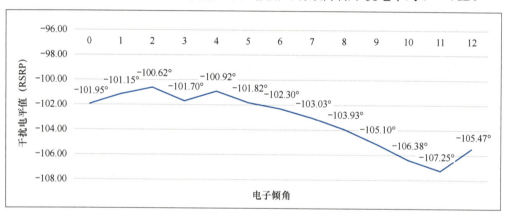

图 4-13　大气波导干扰规避中的电子下倾角调整效果

4．小结

大气波导是一种特定的气象情况，当存在大气波导效应时，基站发射信号在大气波导层发生超折射，超折射具有传播损耗低、传播距离远的特点。在 NR TDD 网络中，基站使用上下行时隙保护间隔 GP 来规避上下行干扰，当存在大气波导效应时，远处基站下行信号在传播距离超过 GP 后仍有较强的功率，对近端基站造成严重的上行干扰。本文分析了 5G 大气波导干扰的保护距离、干扰时频域特征和帧偏置、业务负载、天线下倾角等因素对 5G 大气波导干扰的影响，明确了 5G 大气波导干扰特征，在现有 3GPP RIM 远端干扰管理的基础上给出了 5G 大气波导干扰的干扰源定位方法，以及大气波导干扰的协同规避措施。

第5章

面向感知的波束优化

NR 网络 TDD 制式普遍采用 64T64R 的 AAU 天线，可实现较窄的波束来提升覆盖性能，同时，也可支持更高阶的空分复用。LTE 网络 TM8 双流波束赋形是指 2 倍空分复用，NR TDD 在 FR1 频段 MU-MIMO 的基础上可支持最大下行 16 流，上行 8 流，受限于终端能力，终端只能支持 2T4R，也就是最大只能接收 4 流，发送 2 流。由此可见，NR 网络波束优化是非常关键的环节。

NR 系统采用波束赋形技术，对每类信道和信号都会形成能量更集中，方向性更强的窄波束。但是相对宽波束（如 LTE 系统的 CRS 波束），窄波束的覆盖范围有限，一个波束无法完整地覆盖小区内的所有用户，也无法保证小区内的每个用户都能获得最大的信号能量。因此，NR 系统引入波束管理，基于各类信道和信号的不同特征，gNodeB 对各类信道和信号分别进行波束管理，并为用户选择最优的波束，提升各类信道和信号的覆盖性能及用户体验。

根据波束赋形的权值策略差异，NR 波束可分为静态波束与动态波束。

静态波束：波束赋形时采用预定义的权值，即小区下会形成固定的波束，比如波束的数目、宽度、方向都是确定的。然后根据小区覆盖、用户分布、系统负载等信息，为各类信道和信号选择最优的波束。静态波束又可以细分为广播波束与控制波束，广播波束 PBCH 和 SS 共用一种波束，简称为 SSB 波束，在第 4 章中有详细介绍；控制波束包括 PUCCH、PDCCH、CSI-RS、TRS。

动态波束：波束赋形时的权值是根据信道质量来计算得到并随 UE 位置、信道状态等动态变化因素调整宽度和方向的波束，如 PUSCH、PDSCH。

根据 3GPP TS 38.213 V15.12.0 4.1 Cell search 章节规定，SSB 波束在 FR1 频段，频率低于 1.88GHz 时，最大波束为 4 个；频率高于 1.88GHz 且低于 7.125GHz 时，最大可支持 8 个 SSB 波束。NR 小区使用多个 SSB 波束时，通常每个时刻发送一个方向的波束，不同时刻发送不同方向的 SSB 波束，完成对整个小区的覆盖。

控制波束 PUCCH、PDCCH、CSI-RS 对应的波束为多个窄波束时，UE 对这些窄波束进行测量。gNodeB 针对 UE 测量上报的结果，维护波束集合，给每个信道和信号选择最优的波束来使用。TRS 使用宽波束覆盖整个小区，不涉及波束管理。

对于 PUCCH 信道，通过 SRS 波束测量，选择 RSRP 最大的波束作为 PUCCH 波束。

对于 PDCCH 信道，公共 PDCCH 的发送波束与 SSB 波束保持一致。用户专用 PDCCH，通过 SRS 波束测量，选择 RSRP 最大的波束作为发送波束。对于 TDD 低频 2T2R/4T4R/8T8R/32T32R/64T64R 小区，PDCCH 支持采用基于 CSI-RS 测量上报的 PMI 进行波束赋形，形成更优波束，提升 PDCCH 信道覆盖和容量。

对于 CSI-RS 信号，通过 SRS 波束测量，选择 RSRP 最大的波束给 CSI-RS 使用。TDD 低频 32T32R 及以上小区，CSI-RS 支持多种波束类型、波束数量，用于 CSI 反馈和 PDSCH 信道 PMI（Precoding Matrix Indication，预编码矩阵指示）权值的计算。CSI-RS 波束数量可以提升 CSI-RS 信道覆盖，提高波束指向准确性。提高 CSI-RS 波束数量可能导致波束切换增加，可通过参数小区 CSI-RS 波束切换门限控制波束切换的难易程度。

5.1　波束管理

5.1.1　MIMO 原理

1. MIMO 与多天线技术演进

MIMO（Multiple Input Multiple Output）是在发送端和接收端采用多根天线来完成通信，是一种提升系统频谱效率的技术。NR TDD 推荐使用 32T32R/64T64R 的多天线系统，为了更好地发挥 MIMO 的性能，还需要结合以下信号处理技术。

（1）接收分集技术，用于提升上行接收性能

由于无线信道的衰落特性，发射端与接收端之间的无线信道会随时间出现深衰落，从而造成接收信号 SINR 的波动。不同天线上信号的深衰落通常不会同时出现，或同时出现的概率较低，因此当不同天线上的接收信号进行合并后，信号深衰落的概率相对于单根接收天线大大减小，从而获得分集增益。另一方面，不同天线上的白噪声是不相关的，合并后噪声功率保持不变，而信号能量合并后却成倍提高，从而获得阵列增益。

（2）波束赋形技术，用于提升下行发射性能

波束赋形是指 gNodeB 侧发射信号经过加权后，形成带有方向性的窄波束。波束指向 UE 越准确，UE 的性能就越好，而波束的方向是由波束权值决定的。波束加权原理图如图 5-1 所示，待传输的信号，在不同的天线逻辑端口用不同的权值（$w_1 \cdots w_M$）进行加权，实现信号幅度和相位的改变。多天线发射，输出的信号叠加后呈现出一定的方向性，指向 UE。天线越多，波束越窄，也可以更灵活地控制波束的方向。而每一流数据会有一个独立的权值，即对应一种方向性的波束。

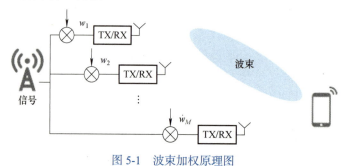

图 5-1　波束加权原理图

图中权值（$w_1 \cdots w_M$）需要根据下行信道情况计算得到，用于改变波束宽度和方向。

计算权值有如下两种不同的方法。

通过 SRS（Sounding Reference Signal）计算权值的过程，权值简称为 SRS 权。

通过 PMI（Precoding Matrix Indication）计算权值的过程，权值简称为 PMI 权。

对于 4T4R 以下的小区，固定使用 PMI 权，当小区天线数为 4T4R 及以上时，可以同时支持 PMI 权与 SRS 权。

对于 SRS 权和 PMI 权都支持的场景，支持 SRS 权与 PMI 权自适应功能，使权值可以更准确地反映业务信道的质量，提升边缘用户的下行吞吐率。当用户可以使用 SRS 资源，且 SRS 信号质量好时优先使用 SRS 权，反之优先使用 PMI 权。

SRS 权与 PMI 权自适应功能通过开关"DL_PMI_SRS_ADAPT_SW"控制。建议在小区内 PUSCH MCS 超过 13 阶的比例大于 80% 时，打开此子开关。

子开关打开时本功能启用，用户初始接入时默认使用 SRS 权，接入后 SRS 权或 PMI 权选择过程如下。

SRS SINR＞（NRDUCellPdsch.SrsPreSinrJudgeThld＋3dB）时，使用 SRS 权。

SRS SINR＜（NRDUCellPdsch.SrsPreSinrJudgeThld−3dB）时，使用 PMI 权。

SRS SINR 位于 [NRDUCellPdsch.SrsPreSinrJudgeThld−3dB，NRDUCellPdsch.SrsPreSinrJudgeThld＋3dB] 之间时，权值类型维持不变。

NRDUCellPdsch.SrsPreSinrJudgeThld 是指 SRS 均衡前信噪比判决门限值，该参数表示 SRS 高低信噪比用户判决门限。该参数设置得越大，中近点用户更容易被判决为低信噪比用户，权值方案更容易选择到 PMI 权；该参数设置得越小，中远点用户更容易被判决为高信噪比用户，权值方案更容易选择到 SRS 权。修改该参数后，小区下行吞吐率、掉话率等网络性能指标会有变化，具体影响和小区覆盖、干扰等因素有关。

2. SU-MIMO 原理

SU-MIMO 是单用户通过多天线技术在 PUSCH、PDSCH 信道上空分复用时频资源，使得单用户在上下行可同时支持多流的数据传输，提升单用户的峰值速率。

（1）上行 SU-MIMO

对于 TDD 低频 gNodeB 接收天线数为 32R 及以上的小区、TDD 高频小区，单用户上行支持复用的 PUSCH 数据流的最大层数 =Min（gNodeB 接收天线数，UE 发射天线数，NRDUCellPusch.MaxMimoLayerCnt）。

对于 TDD 低频 gNodeB 接收天线数为 8R 及以下的小区，单用户上行支持复用的 PUSCH 数据流的最大层数 =Min（gNodeB 接收天线数，UE 发射天线数）。以 UE 发射天线数为 2T 的终端为例，单用户支持上行最大 PUSCH 层数见表 5-1。

表 5-1　单用户支持上行最大 PUSCH 层数

gNodeB 接收天线数	UE 发射天线数	SU-MIMO（PUSCH）最大层数
64R	2T	2
32R	2T	2
8R	2T	2
4R	2T	2
2R	2T	2

gNodeB 接收天线数通过取值 xTxR 对应的接收天线数配置，配置时需要参考射频模块的硬件能力。

（2）下行 SU-MIMO

对于 TDD 低频 gNodeB 发射天线数为 32T 及以上的小区、TDD 高频小区，单用户下行支持复用的 PDSCH 数据流的最大层数 =Min（gNodeB 发射天线数，UE 接收天线数，NRDUCellPdsch.MaxMimoLayerNum）。

对于 gNodeB 发射天线数为 8T 及以下的小区，单用户下行支持复用的 PDSCH 数据流的最大层数 =Min（gNodeB 发射天线数，UE 接收天线数）。以 UE 接收天线数为 4R 的终端为例，单用户支持下行最大 PDSCH 层数见表 5-2。

表 5-2 单用户支持下行最大 PDSCH 层数

gNodeB 发射天线数	UE 接收天线数	SU-MIMO（PDSCH）最大层数
64T	4R	4
32T	4R	4
8T	4R	4
4T	4R	4
2T	4R	2

对于下行 SU-MIMO，可以从用户的权值、功率等多个维度进行优化，提升用户下行平均吞吐率。

◆ 权值优化

下行信道预测移动性增强功能，对于 TDD 低频 32T32R 及以上小区，移动过程中的 1T4R 终端、2T4R 终端用户，使用 SRS 权值并且 SRS 全带周期为短周期时，可以根据历史信道信息和当前信道信息预测下一个 SRS 周期的信道信息，获得更准确的 SRS 权值，提升移动过程中用户下行平均吞吐率。

SRS 预编码更新时延缩短功能，对于 TDD 低频 8T 及以上，且在时隙配比 NRDUCell.SlotAssignment 为 8_2_DDDDDDDSUU、8_2_DDDSUUDDDD、4_1_DDDSU、7_3_DDDSUDDSUU 小区中移动的 1T4R 终端，或在时隙配比为 4_1_DDDSU 小区中移动的 2T4R 终端，使用 SRS 权值时可以缩短 SRS 权值更新时延，提升用户下行 SRS 权值准确性，进而提升移动过程中用户下行平均吞吐率。

SRS 预编码优化功能，对于 TDD 低频小区，优化用户 DTX 时下行 SRS 权值准确性，可以提升用户下行平均吞吐率。

◆ 调度优化

下行 RANK 自适应功能，对于 TDD 低频小区，用户使用 SRS 权值时，gNodeB 可以通过优化下行层数使之与用户实际的信道质量更匹配，提升用户下行平均吞吐率。

SU-MIMO 自适应 DMRS 开销扣除功能，对于 TDD 低频小区，通过优化 RB 分配策略，可以提升用户下行平均吞吐率。

◆ 功率优化

对于 TDD 低频小区，可以调整终端用户各层数据流的功率。

单 DCI（Downlink Control Information）调度时，gNodeB 可以根据用户各层数据流的

信道质量调整各层数据流的功率，提升用户下行平均吞吐率。

用户处于移动过程中，gNodeB 还可以根据 MCS 调整用户各层数据流的功率，进一步提升移动过程中用户的下行平均吞吐率，仅适用于 4T4R 及以上小区。

多流功率控制功能通过参数 NRDUCellChnPwr.MultiLayerPwrCtrlPol 控制。对于 TDD 低频 4T4R 及以上小区，支持多种方式调整非天选终端用户各层数据流的功率。当配置为"NO_CONFIG"时，gNodeB 根据用户各层数据流的信道质量调整各层数据流的功率。

近点用户饱和功率控制功能：对于 TDD 低频小区，若近点用户饱和功率控制功能生效，对近点用户调度 RANK3 或 RANK4 时可以调整用户各层数据流的功率，降低终端功率饱和程度，同时提升用户下行平均吞吐率。

3. MU-MIMO 原理

MU-MIMO 是指多用户在上下行数据传输时可以空分复用时频资源。当多个 UE 共用时频资源时，UE 之间的信道越接近正交，受到的干扰也就越小，从而提升小区的上下行容量和频谱效率。

MU-MIMO 支持多用户在 PDSCH、PDCCH 和 PUSCH 信道的空分复用。

（1）MU-MIMO 空分复用过程

MU-MIMO（PDSCH）和 MU-MIMO（PUSCH）空分复用的过程，也是 UE 间配对的过程。gNodeB 根据配对原则调度各 UE，并选择适合的 UE 进行配对。MU-MIMO（PDSCH）和 MU-MIMO（PUSCH）的空分复用过程相同。UE 间配对时需要考虑 UE 的 SRS 信号质量和相关性

当 UE 的 SRS 信号质量好（如 SINR 较高且信号波动小）且 UE 间的相关性较小时，UE 间的干扰可以很好地消除，适合进行 MU-MIMO 配对。此时 MU-MIMO 可以充分利用良好的信道条件为小区增加额外系统容量。

当 UE 的 SRS 信号质量差（如 SINR 较低或者信号波动大）或者 UE 间的相关性较强时，UE 间的干扰无法很好地消除，MU-MIMO 反而可能导致小区的吞吐量下降。此时 gNodeB 会避免选择信号质量差或者信道相关性较强的用户参与配对。

UE 间的相关性和 UE 的距离相关，两个 UE 的距离比较近，则 UE 间的相关性较高；两个 UE 距离比较远，则 UE 间的相关性较低。不同 UE 间的相关性可以通过空间隔离度或者信道相关性来衡量。其中空间隔离度通过不同用户最优波束的 RSRP 差值来衡量；信道相关性由上行反馈计算获得，可以认为是信道的相似性。

（2）MU-MIMO（PDSCH）配对条件

待配对用户的 SRS SINR 需要满足如下条件：

用户初始接入时，如果用户 SRS SINR ≥ DlMuMimoSrsPreSinrThld，则可以参与配对；DlMuMimoSrsPreSinrThld 参数用于配置允许进入下行 MU-MIMO 用户的 SRS 均衡前 SINR 门限值。只有 SRS 均衡前 SINR 大于该门限的用户才能进入下行 MU-MIMO，否则用户不能进入下行 MU-MIMO。

当用户接入后，SRS SINR 发生变化时，按以下方法判决。

当 SRS SINR >（DlMuMimoSrsPreSinrThld+3dB）时，可以参与配对。

当 SRS SINR <（DlMuMimoSrsPreSinrThld−3dB）时，不可以参与配对。

当 SRS SINR 位 于 [DlMuMimoSrsPreSinrThld−3dB，DlMuMimoSrsPreSinrThld+3dB] 之间时，保持上一次配对判决结果不变。

DlMuMimoSrsPreSinrThld 是下行 MU-MIMO 流程 SRS PreSINR 的准入门限，该参数用于配置允许进入下行 MU-MIMO 用户的 SRS 均衡前 SINR 门限值。只有 SRS 均衡前 SINR 大于该门限的用户才能进入下行 MU-MIMO，否则用户不能进入下行 MU-MIMO。

（3）空分复用的最大层数

多用户可以空分复用的数据流的最大层数见表 5-3，gNodeB 天线数为其他值时，即不支持 MU-MIMO。

表 5-3　多用户空分复用的最大层数

gNodeB 天线数	MU-MIMO（PDSCH）最大层数	MU-MIMO（PDCCH）最大层数	MU-MIMO（PUSCH）最大层数
64T64R	16	4	8
32T32R	16	4	8
8T8R	4	不支持	4

中轻载时，小区资源不受限，开启 MU-MIMO 功能后可能导致用户平均吞吐率和小区平均吞吐率波动；重载场景下，小区资源受限，开启 MU-MIMO 功能后可以提升用户平均吞吐率和小区平均吞吐率。小区负载可参考上行或下行 PRB 利用率较高，比如上行或下行 PRB 利用率 ≥ 50%。在相同业务量下，用户平均吞吐率和小区平均吞吐率增益都和配对 RB 数、空分复用的数据流的层数有关，配对 RB 越多且配对层数越大，增益越大。

（4）网络影响

◆ 下行 MU-MIMO 打开时

中载且尾包业务量占比过多，或者用户信道质量好且用户分布集中的情况下，下行 MU-MIMO 配对比例提升后，存在用户下行平均吞吐率下降风险。

下行 MU-MIMO 配对比例提升后，用户下行平均 MCS、平均 RANK 会降低，部分用户下行吞吐率可能下降。

下行 MU-MIMO 配对比例提升后，配对用户间的干扰变大，会导致小区下行误块率抬升。

下行 MU-MIMO 配对比例提升后，下行调度用户数变多，会消耗更多 CCE 资源，上行 CCE 受限时会导致上行数传用户的 CCE 分配失败概率增加，小区上行平均吞吐率和用户上行平均吞吐率会下降。

下行 MU-MIMO 配对比例提升后，上行状态报告变多，上行 PUSCH PRB 资源受限时，会导致小区上行平均吞吐率和用户上行平均吞吐率下降。

中重载时，PRB 利用率可能会降低；轻载时，PRB 利用率会有正常的波动。

当用户从小区边缘接入或切换到 MU-MIMO 生效小区时，会导致该用户的接入或切换成功率略微下降。

◆ 上行 MU-MIMO 打开时

上行 MU-MIMO 配对比例提升后，用户上行平均 MCS 会降低，部分用户上行平均吞吐率可能下降。

上行 MU-MIMO 配对比例提升后，配对用户间的干扰变大，会导致小区上行误块率抬升。

上行 MU-MIMO 配对比例提升后，下行状态报告变多，下行 PDSCH PRB 资源受限时，会导致小区下行平均吞吐率和用户平均下行吞吐率下降。

中重载时，PRB 利用率可能会降低；轻载时，PRB 利用率会有正常的波动。

当用户从小区边缘接入或切换到 MU-MIMO 生效小区时，会导致该用户的接入或切换成功率略微下降。

5.1.2 CSI–RS 波束管理

CSI-RS（Channel State Information Reference Signal）用于下行信道状态测量、波束管理和时频跟踪等。

1. CSI-RS 分类

CSI-RS 主要包含 NZP（Non-Zero-Power）CSI-RS、ZP（Zero-Power）CSI-RS 两类。对于 NZP CSI-RS，UE 对其进行测量，得到相关信道信息。对于 ZP CSI-RS，UE 仅认为其占用的时频资源不用于 PDSCH 传输。关于 NZP CSI-RS、ZP CSI-RS 的详细定义参见 3GPP TS 38.211 V16.3.0 的 7.4.1.5 CSI reference signals。

（1）NZP CSI-RS

用于信道状态测量、波束测量等，可细分为如下信号。

1）CSI-RS for CM（CSI-RS for Channel Measurement）即用于下行信道状态测量的参考信号。gNodeB 在激活 BWP 带宽内发送 CSI-RS for CM，UE 接收 gNodeB 发送的 CSI-RS for CM 并进行处理，获取相应的 CQI、RI、PMI 等，上报给 gNodeB。

2）CSI-RS for BM（CSI-RS for Beam Measurement）即用于下行波束测量的参考信号。gNodeB 在激活 BWP 带宽内发送 CSI-RS for BM，UE 接收 gNodeB 发送的 CSI-RS for BM 并进行测量，获取相应的 RSRP，并将 RSRP 及 CRI（CSI-RS Resource Indicator，CSI-RS 资源标识）上报给 gNodeB，gNodeB 获得对应波束的 RSRP 信息。

3）TRS（Tracking Reference Signal）即用于跟踪时频偏置的参考信号。gNodeB 在激活 BWP 带宽内发送 TRS，UE 接收 gNodeB 发送的 TRS 完成时频偏跟踪。

（2）ZP CSI-RS

为了测量邻区干扰，充分利用 PDSCH 资源以及避免邻区 NZP CSI-RS 的干扰，NR 设计了 ZP CSI-RS，其占用的时频资源位置不会用于 PDSCH 传输。

CSI-RS for IM：当 ZP CSI-RS 用于邻区干扰测量时，对应的 ZP CSI-RS 又称为 CSI-RS for IM（CSI-RS for Interference Measurement）。UE 在 CSI-RS for IM 时频位置上测量邻区的干扰，并将测量结果反馈给 gNodeB。

ZP CSI-RS（为 CSI-RS for CM、CSI-RS for IM 配置的 ZP CSI-RS）：针对 CSI-RS for CM、CSI-RS for IM，根据 CSI-RS Rate Matching 功能开启状态来确认是否给 CSI-RS for CM、CSI-RS for IM 配置对应的 ZP CSI-RS。若子开关开启，则给 CSI-RS for CM、CSI-RS for IM 配置对应的 ZP CSI-RS，ZP CSI-RS 会覆盖 CSI-RS for IM、CSI-RS for CM 的时频资源位置。此时，配置 ZP CSI-RS 可以充分利用 PDSCH 资源。

ZP CSI-RS（为 TRS 配置的 ZP CSI-RS）：针对 TRS，根据 TRS Rate Matching 功能开启状态来确认是否给 TRS 配置对应的 ZP CSI-RS。若子开关开启，则给 TRS 配置对应的 ZP CSI-RS，ZP CSI-RS 会覆盖 TRS 的时频资源位置。此时，配置 ZP CSI-RS 可以避免邻区

TRS 的干扰。

2. CSI-RS 周期

CSI-RS 在时域上可分为周期、非周期和半静态 CSI-RS，见表 5-4。

表 5-4　周期、非周期和半静态 CSI-RS

分　类	定　义
周期 CSI-RS	针对 NZP CSI-RS，gNodeB 基于配置周期给 UE 周期发送 CSI-RS，UE 按照同样的周期接收 CSI-RS
	针对 ZP CSI-RS，gNodeB 基于配置周期针对 ZP CSI-RS 的时频位置不调度 PDSCH，UE 按照同样的周期不做对应时频位置的 PDSCH 解调
非周期 CSI-RS	针对 NZP CSI-RS，gNodeB 发送 DCI 给 UE，并在该 DCI 所指定的时频位置上发送 NZP CSI-RS 给 UE，同时 UE 在该时频位置接收 NZP CSI-RS
	针对 ZP CSI-RS，gNodeB 发送 DCI 给 UE，并在该 DCI 所指定的时频位置上不调度 PDSCH，同时 UE 不做该时频位置的 PDSCH 解调
半静态 CSI-RS	在 MAC CE 激活半静态 CSI-RS 后，针对 NZP CSI-RS，gNodeB 基于配置周期给 UE 周期发送 CSI-RS，UE 按照同样的周期接收 CSI-RS
	在 MAC CE 激活半静态 CSI-RS 后，针对 ZP CSI-RS，gNodeB 基于配置周期针对 ZP CSI-RS 的时频位置不调度 PDSCH，UE 按照同样的周期不做对应时频位置的 PDSCH 解调

3. NZP CSI-RS 资源管理

（1）CSI-RS for CM 资源管理

CSI-RS for CM Port 数管理，gNodeB 在发送 CSI-RS for CM 时，可以根据 UE 能力、实际场景配置 gNodeB 发送 CSI-RS for CM 所使用的 Port 数，并将此 Port 数通过 RRC 重配消息指示给 UE，UE 按照此 Port 数进行 CSI-RS for CM 的接收。

在 TDD 低频场景下，gNodeB 发送 CSI-RS for CM 所使用的 Port 数为 4 个 Port 或 8 个 Port 时，还可以支持根据 UE 的频谱效率进行 Port 数的自适应调整，具体如下。

当 UE 的频谱效率 < 门限 Csirs4P8PAdaptiveSwThld 时，触发调整 gNodeB 发送 CSI-RS for CM 所使用的 Port 数，从 8 个 Port 切换至 4 个 Port。

当 UE 的频谱效率 ≥ 门限 Csirs4P8PAdaptiveSwThld 时，触发调整 gNodeB 发送 CSI-RS for CM 所使用的 Port 数，从 4 个 Port 切换至 8 个 Port。

Csirs4P8PAdaptiveSwThld 为 CSI-RS 的 4P/8P 自适应切换门限，该参数用于控制终端的 4Port/8Port 自适应切换的门限。该参数仅在低频 TDD 8T8R、32T32R、64T64R 模块下生效。

gNodeB 通过 RRC 重配消息将调整 UE 接收 CSI-RS for CM 所使用的 Port 数的指示发送给 UE，所以开启本 CSI-RS for CM Port 数自适应功能后可能会导致 RRC 重配次数增加。

（2）TRS 资源管理

在 TDD 高频场景下，无论小区中的用户数多少，小区的所有 TRS 资源都会用于发送 TRS 波束，而当小区中用户数较少时，部分 TRS 波束下可能没有用户，从而造成 TRS 资源的浪费。在上述背景下，引入用户级 TRS 资源管理功能，该功能可以通过 NRDUCellCsirs. CsiSwitch 下的子开关进行控制。

当该子开关开启时，用户级 TRS 资源管理功能开启，当小区中没有下行大包用户时，TRS 资源分配方式相对功能开启前不变；当基站识别到小区中的第一个下行大包用户时，TRS 资源分配方式有如下变化。

新增一套 TRS 资源，用于发送该大包用户的 TRS 波束。

针对其他 TRS 资源，若该 TRS 资源对应的 TRS 波束上没有用户，则该 TRS 资源不再用于发送 TRS 波束，而用于发送该大包用户的 PDSCH 数据；若该 TRS 资源对应的 TRS 波束上有用户，则该 TRS 资源仍用于发送 TRS 波束。

其中，判定为下行大包用户的准则可参考如下规则（需同时满足）：

1）{1s 内 UE 下行 TTI（Transmission Time Interval）调度占比 =1s 内给该 UE 调度的下行 TTI 个数 /1s 内小区所有下行 TTI 个数 } ≥ 40%；

2）用户下行 PRB 利用率 ≥ 30%；

3）用户下行平均吞吐率 ≥ 10Mbit/s。

（3）TRS 与 SSB 的 QCL 关系管理

为了使信道测量结果更加精确，NR 引入了 QCL（Quasi Co-Location）的概念，若某个信号的信道特征（如时延扩展、多普勒扩展等）可以从另一个信号的信道特征得到，则称这两个信号存在 QCL 关系。3GPP TS 38.214 的 5.1.5 Antenna ports quasi co-location 章节提供了 TRS 与 SSB、TRS 与 PDSCH、CSI-RS for CM 与 TRS 等可选的 QCL 关系。

在低频场景下，针对 TRS 与 SSB，TRS 仅与 UE 上报的最优 SSB 波束建立 QCL 关系，所以当 UE 的最优 SSB 波束发生变化时，需要更新 TRS 与 SSB 的 QCL 关系，即 SSB 波束切换。

参数 SsbBeamSwitchingMode 控制是否开启 SSB 波束切换功能，并配置指示 SSB 波束切换的方式。

当参数配置为 "NO_SWITCHING" 时，表示不开启 SSB 波束切换功能，即不生效 TRS 与 SSB 的 QCL 关系。

当参数配置为 "RRC_MODE" 时，表示使用 RRC 重配的方式指示 SSB 波束切换。

当参数配置为 "MAC_CE_MODE" 时，表示使用 MAC CE 的方式指示 SSB 波束切换。

在低频场景下，当使用 RRC 重配的方式指示 SSB 波束切换（SsbBeamSwitchingMode 配置为 "RRC_MODE"）时，在初始接入小区、小区间切换场景下，若 UE 的最优 SSB 波束 ID 发生变化，则 gNodeB 会通过专用 RRC 重配信令指示 UE 进行 SSB 波束测量，UE 按指示进行测量并将最优 SSB 波束 ID 上报给 gNodeB，gNodeB 更新 TRS 与 SSB 的 QCL 关系。所以，相对不开启 SSB 波束切换功能，使用 RRC 重配的方式指示 SSB 波束切换会导致 RRC 重配次数增加。

gNodeB 会通过如下方式来尽量减少 RRC 重配信令下发的次数。

在小区间切换场景下，若 gNodeB 判断 UE 反馈的小区切换测量报告中已包含最优 SSB 波束 ID，则 gNodeB 不再给 UE 下发 SSB 波束测量的专用 RRC 重配信令；若 gNodeB 判断 UE 反馈的小区切换的测量报告中未包含最优 SSB 波束 ID，则 gNodeB 需要给 UE 下发 SSB 波束测量的专用 RRC 重配信令。

在 SA 组网初始接入小区场景下，gNodeB 可以通过 UE 发送的 Msg1 中的 Preamble ID 获取最优 SSB 波束 ID，所以 gNodeB 不再给 UE 下发 SSB 波束测量的专用 RRC 重配信令。

5.1.3 SRS 波束管理

UE 在激活 BWP 带宽内发送 SRS（Sounding Reference Signal，探测参考信号），gNodeB

接收 UE 的 SRS 并进行处理，获取相应的 SINR、RSRP、PMI 等，并根据 SRS 资源配置的 usage 取值确定用于哪些功能。

1. SRS 应用功能

SRS 应用功能见表 5-5。每个 UE 的 SRS 资源包括多个 SRS set（codebook 或 antennaSwitching），每个 SRS set 包括的 SRS Resource 参数请参见 3GPP TS38.331 R15 的 6.3.2 Radio resource control information elements。

表 5-5　SRS 应用的功能

usage 取值	可用于的功能	说　明
codebook	上行 SU-MIMO（Single User Multiple-Input Multiple-Output）/MU-MIMO（Multi-User Multiple-Input Multiple-Output）	UE 发送数据时，可以对数据基于 PMI 进行加权 gNodeB 基于 SRS 进行上行 LA（Link Adaptation），并将结果发送给 UE，用于指导 UE 发送数据
	上行波束管理	基于 SRS 选择最优接收波束，为上行信道选择最优的服务波束
antennaSwitching	下行 SU-MIMO/MU-MIMO	低频场景下 gNodeB 发送数据时，可以对数据基于 SRS 权值进行加权。高频场景下不涉及。 gNodeB 基于 SRS 进行下行 LA，LA 的结果用于 gNodeB 发送数据
	下行波束管理	低频场景下基于 SRS 选择最优发送波束，为下行信道选择最优的服务波束。高频场景下不涉及

2. SRS slot 周期

SRS slot 周期指用户的 SRS 发送周期，即如果用户每隔 X 个时隙（或 ms）发送一次 SRS，则 X 为该用户 SRS 的时隙周期。后文提及的"SRS 周期"均指 SRS 时隙周期。SRS 时隙偏移指每个周期中 SRS 在时域上的发送位置（即时隙号）。

SRS 分为周期 SRS、半静态 SRS 和非周期 SRS。SRS 资源配置通过 RRCReconfiguration 消息的 SRS-Config 信元发给 UE，UE 收到后，周期 SRS 会在资源对应的时频资源上发送 SRS，非周期 SRS 资源则需要由调度决定，通过 DCI 来指示发送 SRS。

（1）周期 SRS

UE 收到周期 SRS 资源配置后会周期性地发送 SRS。周期 SRS 的发送周期支持 SRS 周期自适应配置、基于用户特征的 SRS 周期自适应配置和固定配置。

◆ SRS 周期自适应

gNodeB 根据小区的用户数多少和 SRS 资源负载情况自适应调整用户的 SRS 周期。

小区用户数少且小区 SRS 资源足够时，小区的所有用户整体使用更短的 SRS 周期。本功能相对 SRS 周期固定配置，可以提升用户吞吐率和小区吞吐率。

小区用户数多且小区 SRS 资源紧张时，小区的所有用户整体使用更长的 SRS 周期。本功能相对 SRS 周期固定配置，可以提升小区吞吐率。

◆ 基于用户特征的 SRS 周期自适应

gNodeB 根据小区的用户数多少和 SRS 资源负载情况自适应调整用户的 SRS 周期，仅针对 TDD 低频的低速普通小区生效。

小区用户数少且小区 SRS 资源足够时，小区的所有用户整体使用更短的 SRS 周期，且小区中的大包用户相对小包用户使用更短的 SRS 周期。本功能下系统自适应使用 SRS 短周期的用户数规格相对 SRS 周期自适应功能更大，所以本功能相对 SRS 周期自适应功能，在用户数少的场景下能够进一步提升用户吞吐率。

小区用户数多且小区 SRS 资源紧张时，小区的所有用户整体使用更长的 SRS 周期，且小区中的大包用户相对小包用户使用更短的 SRS 周期。本功能下系统自适应使用 SRS 短周期的用户数规格相对 SRS 周期自适应功能更大，所以本功能相对 SRS 周期自适应功能，在用户数多的场景下能够进一步提升用户吞吐率和小区吞吐率。

（2）半静态 SRS

UE 收到半静态 SRS 资源配置后不会直接发送 SRS，需要 MAC CE（Media Access Control-Control Element）激活后，再周期性发送 SRS。

（3）非周期 SRS

UE 收到非周期 SRS 资源配置后需要下行 DCI 或上行 DCI 触发再发送 SRS。

3. SRS 干扰协同

NR TDD 系统的下行 SU-MIMO 和 MU-MIMO 调度均依赖良好的 SRS 信噪比，小区间的 SRS 同频干扰会导致小区用户下行速率降低。在基于用户特征的 SRS 自适应开启后，SRS 干扰协同功能可以减少小区间的 SRS 同频干扰。在静止用户较多，且小区间的上行 SRS 信号干扰较为严重时开启 SRS 干扰协同功能，且建议在本小区和邻区上同时开启该功能，该功能生效后可以降低小区间的上行 SRS 信号干扰，从而提升小区下行吞吐率以及小区边缘用户感知吞吐率。

SRS 干扰协同包含 S 时隙的 SRS 干扰协同、S 和 U 时隙的 SRS 干扰协同两个子功能，且两个子功能不能同时开启。

（1）S 时隙的 SRS 干扰协同

在 TDD 低频场景下，S 时隙的 SRS 干扰协同功能需要建立在基于用户特征的 SRS 自适应开启的基础上。

生效 S 时隙的 SRS 干扰协同功能，gNodeB 可以支持区分 PCI 模 3 值不同的小区，在 S 时隙上错开时域位置进行小区间 SRS 资源的分配。

（2）S 和 U 时隙的 SRS 干扰协同

在 TDD 低频场景下，S 和 U 时隙的 SRS 干扰协同需要建立在基于用户特征的 SRS 自适应开启的基础上。

生效 S 和 U 时隙的 SRS 干扰协同功能，gNodeB 增加上行时隙的部分符号用来发送 SRS，调整小区中 SRS 可分配的时域位置，以 4∶1 时隙配比为例，新增的 SRS 符号如图 5-2 所示。同时，gNodeB 可以支持区分 PCI 模 3 值不同的小区，在 S 和 U 时隙上错开时域位置进行小区间 SRS 资源的分配。

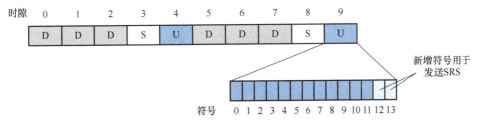

图 5-2　时隙配比 4∶1 时 S 和 U 时隙的 SRS 干扰协同示意图

由于 S 和 U 时隙的 SRS 干扰协同功能是牺牲上行资源来提升下行性能，但相比 S 时隙的 SRS 干扰协同功能，时域上支持错开的小区用户数规格更大，所以建议在下行业务需求大且上行业务需求小（例如下行 PRB 利用率 > 上行 PRB 利用率），同时有 UBBPg 连片覆盖热点区域的场景下开启 S 和 U 时隙的 SRS 干扰协同功能，其他场景开启 S 时隙的 SRS 干扰协同功能。

（3）SRS 远端干扰规避增强

在 TDD 低频场景下，SRS 远端干扰规避增强功能在 SRS 远端干扰规避和 S 时隙的 SRS 干扰协同两个功能同时开启时默认生效。

当 SRS 远端干扰规避增强功能生效时，gNodeB 只使用上行时隙的部分符号来发送 SRS，调整小区中 SRS 可分配的时域位置，以 4∶1 时隙配比为例，使用的 SRS 符号如图 5-3 所示。gNodeB 可以支持区分 PCI 模 3 值不同的小区，在 U 时隙上错开时域位置进行小区间 SRS 资源的分配。

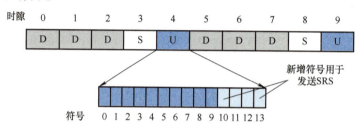

图 5-3　时隙配比 4∶1 时 SRS 远端干扰规避增强示意图

4. 用户级 SRS

用户级 SRS 时隙表示用户发送 SRS 的时隙。只有周期和半静态 SRS 才会配置 SRS 时隙；非周期 SRS 无须配置，由调度指示 SRS 在哪个时隙发送。

NR 支持用户级的 SRS 带宽。用户级 SRS 带宽表示用户发送 SRS 的带宽。协议规定 SRS 带宽树的最大深度为 4，即系统最多支持 4 种 SRS 带宽，对应 SRS 带宽配置表中的 BSRS=0、1、2、3。用户级 SRS 带宽配置示例见表 5-6，详细请参见协议 3GPP TS38.211 V15.7.0 中 6.4.1.4 Sounding reference signal 章节。

表 5-6　用户级 SRS 带宽配置

C_{SRS}	$B_{SRS}=0$		$B_{SRS}=1$		$B_{SRS}=2$		$B_{SRS}=3$	
	$m_{SRS},\ 0$	N_0	$m_{SRS},\ 1$	N_1	$m_{SRS},\ 2$	N_2	$m_{SRS},\ 3$	N_3
0	4	1	4	1	4	1	4	1
…	…	…	…	…	…	…	…	…
9	32	1	16	2	8	2	4	2
…	…	…	…	…	…	…	…	…
63	272	1	16	17	8	2	4	2

C_{SRS}：SRS 带宽索引。

B_{SRS}：带宽树的级别。

m_{SRS}，B：级别 B_{SRS} 的 SRS 带宽取值。

N_B：级别 B_{SRS} 上的叶子个数。

当 B_{SRS} 不为 0 时：$N_B=$（级别为 $B_{SRS}-1$ 的 SRS 带宽）/（级别为 B_{SRS} 的 SRS 带宽）。

当 B_{SRS} 为 0 时：$N_B=1$。

举例：表中 C_{SRS} 为 9 的一种 SRS 带宽配置树，用户级 SRS 带宽取值为 32RB、16RB、8RB、4RB，如图 5-4 所示。

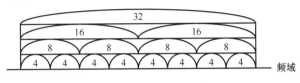

图 5-4　SRS 带宽配置树

对于非周期 SRS，系统根据 BWP 带宽确定 SRS 带宽对应的 C_{SRS} 和 B_{SRS}；对于周期 SRS，系统根据 BWP 带宽分别确定 SRS 宽带带宽、SRS 窄带带宽对应的 C_{SRS} 和 B_{SRS}，并根据信道质量自适应调整用户 SRS 带宽，提高 SRS 测量的准确性和覆盖能力。

5. SRS 应用的网络分析

基于用户特征的 SRS 自适应功能开通后在用户数变化大的场景下，为了避免由于系统自适应改变用户的 SRS 周期导致的反复的 RRC 重配，所以将小区级 SRS 周期变短的时间迟滞固定为 10min。

1）基于用户特征的 SRS 自适应功能开通后，相比采用固定的 SRS 周期，RRC 重配次数和平均 CQI 会受到影响，具体如下。

当小区中小包用户占比多时，基于用户特征的 SRS 自适应功能开启后，针对小包用户不再生效用户 SRS 带宽自适应功能，用户 SRS 带宽自适应会触发 RRC 重配，虽然业务变化时会触发 RRC 重配，所以总体上看 RRC 重配次数会减少。

当小区中大包用户占比多时，基于用户特征的 SRS 自适应功能开启后，业务变化时会触发 RRC 重配，所以 RRC 重配次数会增加。同时，如果 UE 测量上报的平均 RI 抬升或者不变时，则平均 CQI 可能降低；如果 UE 测量上报的平均 RI 降低，则平均 CQI 可能抬升。

2）基于用户特征的 SRS 自适应功能开通后，相比采用固定的 SRS 周期，小区上行初传误块率、小区上行 PRB 利用率会受到影响，具体如下。

如果用户的大包业务特征为上行大包，则会给用户分配 SRS 长周期，小区上行初传误块率可能会抬升，小区上行 PRB 利用率可能会抬升。

如果用户的大包业务特征为下行大包，则无影响。

3）基于用户特征的 SRS 自适应功能开通后，相比采用 SRS 周期自适应，由于业务变化时会触发 RRC 重配，所以 RRC 重配次数会增加。

4）基于用户特征的 SRS 自适应功能开通后，对于不同场景的性能影响如下。

当小区中均为小包用户时，会提升小区的用户数规格，降低不同小区用户间的 SRS 干扰，但会导致小区下行平均吞吐率（Cell Downlink Average Throughput（DU））和小区上行平均吞吐率（Cell Uplink Average Throughput（DU））下降，用户下行平均吞吐率（User Downlink Average Throughput（DU））和用户上行平均吞吐率（User Uplink Average Throughput（DU））下降。

当小区中均为大包用户或者大包用户和小包用户混合时，大包用户的信道测量结果越准确，依赖 SRS 测量结果的特性性能有所保障，但不同小区的用户间的 SRS 干扰提升，且 SRS 资源开销更大。

5）基于用户特征的 SRS 自适应功能开通后，在重载场景（小区用户数较多且 PRB 利用率较高）下，小区下行平均 MCS 会发生变化，所以小区上行平均 CCE 聚合级别、小区下行误块率会受到影响。

小区下行平均 MCS 越大，小区上行平均 CCE 聚合级别越小，小区下行误块率可能抬升；小区下行平均 MCS 越小，小区上行平均 CCE 聚合级别越大，小区下行误块率可能下降。

6）基于用户特征的 SRS 自适应功能开通后，在轻载场景（小区用户数较少且 PRB 利用率较低）下，小区上行平均 CCE 聚合级别可能下降。

其中，小区上行平均 CCE 聚合级别 =（N.CCE.UL.AggLvl16Num x 16＋N.CCE.UL.AggLvl8Num x 8＋N.CCE.UL.AggLvl4Num x 4＋N.CCE.UL.AggLvl2Num x 2＋N.CCE.UL.AggLvl1Num）/（N.CCE.UL.AggLvl16Num＋N.CCE.UL.AggLvl8Num＋N.CCE.UL.AggLvl4Num＋N.CCE.UL.AggLvl2Num＋N.CCE.UL.AggLvl1Num）

5.2 面向感知的波束优化

5.2.1 NR TDD 与 FDD 组网的 SRS 周期优化

1. SRS 周期优化应用场景

NR TDD 与 NR FDD 混合组网，且 NR TDD 与 NR FDD 存在重叠覆盖区域的场景。5G 网络 NR TDD 使用大带宽频谱，由于 TDD 频谱特有的上下行互异性，可通过对上行信号的测量做更精确的下行信道赋形，由此而形成的更窄的波束可以加强 5G 小区的覆盖性能，也可以使 5G 基站使用更精准的波束赋形来提升 5G 用户使用更多的流（层），从而提升用户下行吞吐率。

2. SRS 周期分析

相比 4G 的最大 20MHz 的载波带宽，5G 采用更大带宽，在 sub-6G 频段采用最大 100MHz 的载波带宽，毫米波频段最大 400MHz 的载波带宽；此外，5G 采用 Massive MIMO 技术，目前支持 64T64R 的多天线端口，可以实现：①具有大阵列增益的波束赋形；②基站侧与终端侧多个流（层）的空间复用。

理论上，5G 基站支持下行 16 流（层）、上行 8 流（层）；终端侧支持最大下行 4 流（层）、上行 2 流（层）。

在实际的 5G 网络中，在非弱覆盖场景，可以使用下行 Rank=4 的比例来表征用户的下行吞吐率，下行 Rank=4 对应终端侧支持最大下行 4 流（层）。

传输信道的秩（Rank）可以看作收发设备间传输通路上独立的并行信道的数目，可以理解为同时支持的相对独立的数据通路，而 MIMO 实际传送所使用的数据流数则称为层数。由于不同 MIMO 信道下数据通路之间的正交性不同，因此实际应用中必须考虑数据流之间所产生的干扰。采用多个天线传送多个码字时，需要根据空间信道的秩来确定所能同时发送的数据流数（即层数），以降低信息之间的干扰，增加接收准确性，提升信息传送容量。

下行 Rank=4 流占比，反映物理层传输时 4 流的使用情况，指标定义：用下行传输使用 Rank4 的 TB 数和总传输 TB 数之比。

在现有的 NR TDD 网络中，5G 用户进入连接态后是周期性发送 SRS 信号，即上行探测参考信号。UE 在激活 BWP 带宽内发送 SRS，用于上行信道的估计，gNodeB 接收 UE 的 SRS 并进行处理，获取相应的参考信号接收功率 RSRP、信干噪比 SINR、预编码矩阵指示 PMI，进行波束赋形。

NR TDD 网络的 SRS 在特殊子帧上发送，占用 1/2/4 个符号，频域宽度可以配 4RB 的整数倍，但要求是最小 4RB；发送周期可以配置：5 ～ 640 个时隙，即：2.5 ～ 320ms。

SRS 周期参数的定义为：该参数表示配置的用户 SRS 周期，用户实际的 SRS 周期由该参数值与系统可用的 SRS 资源、时隙配比、UE 能力等确定。普通用户实际的 SRS 周期不小于该参数值。

SRS 周期参数的取值范围：SL5（5 时隙）、SL10（10 时隙）、SL20（20 时隙）、SL40（40 时隙）、SL80（80 时隙）、SL160（160 时隙）、SL320（320 时隙）、SL640（640 时隙）。

SRS 周期实际对应的取值（毫秒）分别为

SL5：2.5ms

SL10：5ms

SL20：10ms

SL40：20ms

SL80：40ms

SL160：80ms

SL320：160ms

SL640：320ms

该参数取值越大，SRS 周期越长，支持的用户数越多；该参数取值越小，SRS 周期越短，支持的用户数越少。

现有的 5G 基站可以配置不同周期的 SRS 探测信号，但是，一旦配置完成，5G 基站下所有用户都使用同一 SRS 周期。

3. 不足分析

目前 5G 网络中配置同一 SRS 周期的方法，在 NR TDD 与 NR FDD 混合组网模式，不利于在多用户非弱覆盖场景下提升下行吞吐率，包括以下几个方面。

（1）未区分 5G 的 TDD 模式与 FDD 模式

SRS 探测信号的两个主要目的：一是 5G 基站对用户上行电平与质量的测量；二是根据对用户上行电平与质量的测量，利用 TDD 的信道互易性评估下行质量，为 TDD 下行权值分配做支撑。

TDD 模式上下行信道使用同一频谱，可以通过获取 UE SRS 信号的电平与质量，来估计下行信道的特征，进而对 PDSCH 的下行信号加权，即 SRS 权；在 FDD 中上下行信道使用不同频谱，加权以 PMI 权为主，无 SRS 权，FDD 模式的 SRS 仅用于上行信号电平测量。

因此，如果是为了提升 5G 基站侧吞吐率，更好地利用 TDD 的信道互异性评估下行质量，则需考虑为 TDD 模式配置不同的 SRS 周期。

（2）未考虑不同用户需求 RLC 字节数的差异

不同用户对无线吞吐率的需求不同，对无线吞吐率要求大的用户，在设定的时长内产生更大的 RLC 字节数，要求 5G 基站波束赋形的效果更好，即要求 Rank=4 的比例更高；而对无线吞吐率要求小的用户，不需要 5G 基站提供更好的波束赋形效果，根据实际的需求情况，Rank=1 或 Rank=2 的物理层传输即可满足需求。

因此，需要对不同 RLC 字节数需求的 5G 用户配置不同的 SRS 周期。

（3）未考虑用户位置变化的差异

现网是多用户环境，不同的用户位置变化速度不同，因此，如果是对无线吞吐率需求大且位置变化较快的用户，较小的 SRS 周期测量可以快速跟踪信道条件变化，测量信息更准确。

如果是 5G 基站下多个用户都符合此类特征，需要对此类用户都配置比默认 SRS 周期更小的 SRS 周期，使下行信道的权值估算更准确，提升此类用户的 Rank=4 的比例，从而提升 5G 基站整体吞吐率。

4. 非弱覆盖场景下的 SRS 周期优化

（1）判决 5G 终端无线吞吐率

为 5G 基站设定时间间隔 $T0$，RLC 字节数门限 $N0$，采集 5G 终端在 $T0$ 时间间隔内产生的 RLC 字节数。

如在设定时间间隔 $T0$ 内，5G 终端累计产生的 RLC 字节数超过 $N0$ 门限，则判定为该 5G 终端对无线吞吐率的需求大。

（2）触发终端切换至 NR TDD 网络

判断该 5G 终端是否驻留在 NR FDD 基站，可通过 5G 终端驻留 NR 小区的中心频点号来判断其是否驻留在 NR FDD 基站。

如果该 5G 终端驻留在 NR FDD 基站，则发起 A2 测量，测量邻区是否有 NR TDD 基站，也可通过 TDD 频谱的中心频点号来判断。

当信号条件满足 A2 事件时，终端启动异频测量，并根据重配置消息中的要求进行上报。

通过 A2 测量结果，判决该 NR TDD 基站的信号电平是否超过一个门限 $N1$，如果满足预设条件，则指示该 5G 用户切换至邻区 NR TDD 基站。

（3）判决终端是否处于非弱覆盖场景

采集 5G 基站的 SRS 信号电平强度与信号质量，即 SRS RSRP 电平值、SRS SINR 值。判断 SRS RSRP 电平值是否超过一个门限值 $N2$，以及 SRS SINR 值是否超过一个门限值 $N3$，如都满足，则表明 5G 终端处于非弱覆盖场景。

（4）SRS 周期优化

设 NR TDD 基站当前的 SRS 周期 $P0$，为该 5G 终端配置比当前 $P0$ 周期小的 SRS 周期 $P1$，使 $P1<P0$。SRS 周期配置通过 RRC 信令将 SRS 配置周期发送给 UE，主要通过 RRC 重配信令消息通知 UE。其他对无线吞吐率需求小、处于弱覆盖场景的 5G 终端仍设置为当前的 SRS 周期 $P0$。

采集 NR TDD 基站的 Rank=4 的比例，判决该指标是否有提升，如有提升则保留 SRS 周期参数修改，否则回退该参数。

Rank=4 的比例，该统计指标反映物理层传输时 4 流的使用情况，用下行传输使用 Rank4 的 TB 数和总传输 TB 数之比表示。

指标定义如下：

Rank=4 的比例 =4 流下行传输 TB 数 /（单流下行传输 TB 数 + 双流下行传输 TB 数 + 3 流下行传输 TB 数 +4 流下行传输 TB 数）× 100%

如已设置 SRS 周期为 $P1$ 的 5G 终端仍满足预设条件，则设置该终端的 SRS 周期为

$P2$，使 $P2<P1$，直至该 5G 终端的 SRS 周期变为最低。

5. 应用效果

在设定时间间隔 $T0$ 内，5G 终端产生的 RLC 字节数超过一个门限 $N0$，则判定为该 5G 终端对无线吞吐率的需求大，通过对该 5G 终端设置较小的 SRS 周期，使 5G 基站波束赋形的效果更好，提升该 5G 终端 Rank=4 的比例，即提升该终端的下行吞吐率。

5G 基站下不同的用户位置变化速度不同，对无线吞吐率需求大且位置变化较快的用户，通过为该 5G 终端设置较小的 SRS 周期，终端更快速地上报探测信号及强度，可以使 5G 基站更快速地跟踪信道条件变化，更准确地进行波束赋形，提升该终端的下行吞吐率。

现有 5G 网络是多用户环境，如果是 5G 基站下多个用户都符合此类特征，需要对此类用户都配置比默认 SRS 周期更小的 SRS 周期，使下行信道的权值估算更准确，提升此类用户的 Rank=4 的比例，从而提升 5G 基站整体吞吐率。

5.2.2　基于 SRS 的 SSB 波束寻优

1. 现有 SSB 波束配置

NR 系统采用波束赋形技术，对每类信道和信号都会形成能量更集中、方向性更强的窄波束，gNodeB 对各类信道和信号分别进行波束管理，并为用户选择最优的波束，提升各类信道和信号的覆盖性能及用户体验。

根据波束赋形时采用的权值策略差异，NR 波束分为静态波束与动态波束。静态波束是波束赋形时采用预定义的权值，即小区下会形成固定的波束，比如波束的数目、宽度、方向都是确定的。然后根据小区覆盖、用户分布、系统负载等信息，为各类信道和信号选择最优的波束。

静态波束分为广播波束与控制波束。

广播波束是一种典型的静态波束，SS 和 PBCH 共用一种波束，简称为广播波束。广播波束是小区级波束，为了增强小区下广播信道、同步信号的覆盖范围，更好地匹配小区覆盖范围和用户分布，需要支持多种覆盖场景的波束。

控制波束是每类控制信道或信号分别对应一种波束，统称为控制波束，典型信道有：PUCCH、PDCCH、CSI-RS。控制波束对应的波束为多个窄波束时，UE 对这些窄波束进行测量。gNodeB 针对 UE 测量上报的结果，维护波束集合，给每个信道和信号选择最优的波束来使用。对于 CSI-RS 信号，通过 SRS 波束测量，选择 RSRP 最大的波束给 CSI-RS 使用。

NR 小区同步和广播信道共用一个 SSB（Synchronization Signal and PBCH Block）波束，也称为广播波束。SSB 波束是小区级波束，gNodeB 按照 SSB 周期（MS5，MS10，MS20，MS40，MS80，MS160，单位：ms）周期性地发送 SSB 波束，广播同步消息和系统消息。

现网 NR 小区一般使用多个 SSB 波束时，在时域维度每个时刻发送一个方向的 SSB 波束，不同时刻发送不同方向的 SSB 波束，完成对整个小区的覆盖。

在使用 Massive MIMO 多通道天线 AAU 设备的 TDD 网络中，存在基站覆盖范围下用户分布不均衡，或者由于移动性导致用户密集区域随时间发生变化的情况。SSB 波束寻优，是指根据小区覆盖、用户分布、系统负载等信息，为各类信道和信号选择最优的波束。

目前 TDD 系统支持的 AAU 天线固定权值波束方案见表 5-7，工程师可按照实际覆盖场景类型选择其中一种权值配置即可完成权值优化。

表 5-7　AAU 天线固定权值波束方案

场 景 类 型	水平半功率角波宽	垂直半功率角波宽
Default0	105°	6°
S1	110°	6°
S2	90°	6°
S3	65°	6°
S4	45°	6°
S5	25°	6°
S6	110°	12°
S7	90°	12°
S8	65°	12°
S9	45°	12°
S10	25°	12°
S11	15°	12°
S12	110°	25°
S13	65°	25°
S14	45°	25°
S15	25°	25°
S16	15°	25°

目前 TDD sub 6GHz 系统，如 n41（2.6GHz）频段，小区 SSB 广播波束可支持最多配置 8 个 SSB，SSB 波束水平配置 8 波束，即 H8，对应 Default0，S0 模式，主要面向水平方向的覆盖性能；SSB 波束垂直配置 8 波束，即 V8，对应 S11、S16 模式，主要面向垂直方向的覆盖性能。

2. 现有技术的不足分析

5G 支持丰富的场景化波束，可基于实际场景和用户分布选择最优波束形态，提升深度覆盖，改善网络结构，但是现网某局点场景化波束使用 Default0 场景的占比高达 96%，并未根据实际用户的业务需求来进行灵活的波束配置。

1）NR TDD 某地场景化波束使用 Default0 场景的占比高达 96%，并未根据实际用户的业务需求来进行灵活的波束配置。

5G 支持丰富的场景化波束，可基于实际场景和用户分布选择最优波束形态，提升深度覆盖，改善网络结构，如果只考虑 Default0 场景的波束配置，则不能保证小区覆盖范围下用户的覆盖性能。

2）主设备厂家给出了 Default0 适合低层广覆盖场景、S6 适合中层广覆盖场景、S12 适合高层广覆盖场景、S13 适合高层中等覆盖场景的建议，但是，并未明确如何判别上述覆盖场景。

无线网络环境日趋复杂，仅依靠人工判断覆盖场景不准确，也不能满足变换的无线网络，因此，依靠人工判断覆盖场景给出的波束配置方案，不能保证小区覆盖范围下用户的覆盖性能。

3. 基于 SRS 的 SSB 波束寻优

基于 SRS 的 SSB 波束寻优是一种基于用户位置实施 SSB 波束寻优的覆盖性能增强的方法，通过 SSB 波束统计来进行用户位置的初阶定位，通过 SRS 波束测量统计来进行用户位置的二阶定位，判断某个时间周期内的用户位置，以及不同时间周期内用户位移的变化情况，由此为依据进行波束寻优，给出相应的波束配置结果，来实现用户覆盖性能增强。

（1）采集 SSB 波束与 SRS 信道配置的相关参数

采集 TDD 网络 SSB 波束寻优后的 AAU 天线参数包括：天线水平半功率角、方位角、电子下倾角；SSB 波束编号、SSB 波束倾角、SSB 波束方位角、SSB 波束水平宽度、SSB 波束垂直宽度，见表 5-8。

表 5-8　AAU 天线参数及 SSB 波束相关参数

参 数 名 称	配 置 建 议
AAU 天线倾角	按照网络规划配置。配置为默认值 255 时，代表的倾角值为 6° 天线倾角 = 本参数对应的倾角值 + 机械倾角
AAU 天线方位角	按照网络规划配置
SSB 最大功率偏置	建议在大站间距、SUL（Supplementary Uplink）等 PBCH 或 SS 功率受限场景配置需要的偏置值
SSB 波束编号 SSB_i	根据实际覆盖场景配置
SSB 波束倾角	根据实际覆盖场景配置
SSB 波束方位角	根据实际覆盖场景配置
SSB 波束水平宽度	根据实际覆盖场景配置
SSB 最大功率偏置	根据实际覆盖场景配置

SRS 信道配置的相关参数如下。

1）SRS slot 周期：指用户的 SRS 发送周期，即如果用户每隔 X 个时隙（或 ms）发送一次 SRS，则 X 为该用户 SRS 的时隙周期。后文提及的"SRS 周期"均指 SRS 时隙周期。

2）SRS 时隙偏置：指每个周期中 SRS 在时域上的发送位置（即时隙号）。

（2）初阶用户位置定位

采集基于 SSB 波束的性能统计，依据统计结果来进行初阶用户位置定位。

采集 TDD 小区基于 SSB 波束的性能统计见表 5-9，包括：SSB 波束下平均用户数、SSB 波束下 MAC 层上行数据总吞吐量、SSB 波束下 MAC 层下行数据总吞吐量。

表 5-9　SSB 波束的性能统计

指 标 名 称	指 标 说 明
N.User.OptimalSSBBeam.Avg	SSB 波束下平均用户数
N.MAC.ThpVol.UL.OptimalSSBBeam	SSB 波束下 MAC 层上行数据总吞吐量
N.MAC.ThpVol.DL.OptimalSSBBeam	SSB 波束下 MAC 层下行数据总吞吐量

◆ SSB 波束下平均用户数指标项

每秒采样，基于 SRS 测量，判断 UE 波束方向并确定 UE 所属最优 SSB 波束，按照所属最优 SSB 波束将 UE 汇总平均。

◆ SSB 波束下 MAC 层上行数据总吞吐量

基于 SRS 测量，判断 UE 波束方向并确定 UE 所属最优 SSB 波束，统计 UE MAC 层接收的上行数据，将正确接收的 TB 大小进行累加，按照所属最优 SSB 波束汇总累加，作为统计结果。

◆ SSB 波束下 MAC 层下行数据总吞吐量

基于 SRS 测量，判断 UE 波束方向并确定 UE 所属最优 SSB 波束，统计 UE MAC 层发送的下行数据，将收到 ACK 的 TB 大小进行累加统计，按照所属最优 SSB 波束汇总累加，作为统计结果。

依据统计结果来进行初阶用户位置定位。依据 SSB 波束性能统计值，可进行初阶用户位置定位，假设 TDD 小区配置 8 个 SSB 波束，SSB 波束编号 $=\mathrm{SSB_0}-\mathrm{SSB_7}$。

统计 TDD 小区所有 SSB 波束下平均用户数，进行如下三次判断。

1）密集用户区域位于小区左侧方位：

$$L_{\text{left\_user\_SSB}} = (\mathrm{SSB_0} + \mathrm{SSB_1} + \mathrm{SSB_2} + \mathrm{SSB_3}) / \sum \mathrm{SSB}_i \text{ 且 } L_{\text{left\_user}} > T0$$

可设置 $T0$ 为 60%，也可设置其他值。

2）密集用户区域位于小区中心：

$$L_{\text{centre\_user\_SSB}} = (\mathrm{SSB_2} + \mathrm{SSB_3} + \mathrm{SSB_4} + \mathrm{SSB_5}) / \sum \mathrm{SSB}_i \text{ 且 } L_{\text{centre\_user}} > T0$$

可设置 $T0$ 为 60%，也可设置其他值。

3）密集用户区域位于小区右侧方位：

$$L_{\text{right\_user\_SSB}} = (\mathrm{SSB_4} + \mathrm{SSB_5} + \mathrm{SSB_6} + \mathrm{SSB_7}) / \sum \mathrm{SSB}_i \text{ 且 } L_{\text{right\_user}} > T0$$

可设置 $T0$ 为 60%，也可设置其他值。

可使用 SSB 波束下 MAC 层数据总吞吐量来进行初阶用户位置定位。SSB 波束下 MAC 层数据总吞吐量等于 SSB 波束下 MAC 层上行数据总吞吐量、SSB 波束下 MAC 层下行数据总吞吐量的和。

（3）基于 SRS 的用户位置二阶定位

在水平维度与垂直维度对 SRS 波束进行编号，Massive MIMO 设备将空间信道划分为若干个波束方向，如目前 64 通道 AAU 天线支持 32 个波束，基站可根据上行 SRS 测量计算出用户所在最强的波束号，每个波束在空间的位置相对 AAU 是固定的，包括水平和垂直角度，见表 5-10。

表 5-10　64 通道 AAU 天线 SRS 波束编号及水平与垂直分布

64T64R	SRS 波束编号水平分布							
SRS 波束编号垂直分布	23/55	22/54	21/53	20/52	19/51	18/50	17/49	16/48
	15/47	14/46	13/45	12/44	11/43	10/42	9/41	8/40
	7/39	6/38	5/37	4/36	3/35	2/34	1/33	0/32
	31/63	30/62	29/61	28/60	27/59	26/58	25/57	24/56

按照 64 通道 AAU 天线的通道数，将两个相邻通道合并为一个波束，定义为 SRS 波束，将其编号，如 $\mathrm{Beam_0}$ 包括通道 0 与通道 32；$\mathrm{Beam_1}$ 包括通道 1 与通道 33；$\mathrm{Beam_{19}}$ 包括通道 19 与通道 51；以此类推，$\mathrm{Beam_{30}}$ 包括通道 30 与通道 62；$\mathrm{Beam_{31}}$ 包括通道 31 与通道 63。

SRS 波束对应的水平分布与垂直分布如图 5-5 所示。

垂直分布的最高层波束从左向右分别为：

$Beam_{23}/Beam_{22}/Beam_{21}/Beam_{20}/Beam_{19}/Beam_{18}/Beam_{17}/Beam_{16}$

垂直分布的最底层波束从左向右分别为：

$Beam_{31}/Beam_{30}/Beam_{29}/Beam_{28}/Beam_{27}/Beam_{26}/Beam_{25}/Beam_{24}$

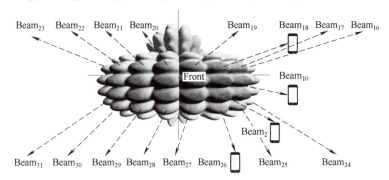

图 5-5 64 通道 AAU 天线 SRS 波束编号及水平与垂直分布示意

依据统计结果来进行二阶用户位置定位，采集 TDD 小区一个时间周期内的统计指标，分别计算每个 SRS 波束的统计情况，包括每个 SRS 波束的接入用户数、业务吞吐量，见表 5-11。

表 5-11 64 通道 AAU 天线 SRS 波束业务统计

day	hour	sum_Active_user_beam_0（NUMBER）	sum_Active_user_beam_1（NUMBER）	sum_Active_user_beam_2（NUMBER）	sum_Active_user_beam_3（NUMBER）	～	sum_Active_user_beam_30（NUMBER）	sum_Active_user_beam_31（NUMBER）
**	**	**	**	**	**	～	**	**
day	hour	sum_Throughput_beam_0（BYTE）	sum_Throughput_beam_1（BYTE）	sum_Throughput_beam_2（BYTE）	sum_Throughput_beam_3（BYTE）	～	sum_Throughput_beam_30（BYTE）	sum_Throughput_beam_31（BYTE）
**	**	**	**	**	**	～	**	**

计算每一个 SRS 波束统计占比，依次计算接入用户数、平均吞吐量占比，见表 5-12，可在得到水平方向用户个数及业务量的基础上，进一步获得垂直方向的用户个数及业务量统计结果。

表 5-12 64 通道 AAU 天线 SRS 波束编号及水平与垂直分布

64T64R	SRS 波束编号水平分布							
SRS 波束编号垂直分布	0.29%	0.01%	1.29%	0.16%	0.39%	1.32%	1.80%	0.34%
	0.25%	0.56%	5.68%	16.60%	2.99%	4.89%	1.00%	1.12%
	3.39%	0.16%	4.44%	9.47%	4.08%	11.42%	1.92%	1.33%
	16.18%	0.00%	0.14%	0.38%	0.11%	0.19%	4.79%	3.26%

依据统计结果，可得到在垂直方向用户的位置分布，可依据统计结果为小区设置垂直方向的 SSB 波束数量。

（4）SSB 波束配置

依据用户位置定位结果，为 NR TDD 小区进行波束配置。

水平方向 SSB 波束配置的方式及数量，具体如下。

如果用户集中在小区左侧或小区右侧，可采用 SSB 波束 $M+X$ 部署方式，即水平方向使用 M 个 SSB 波束，$M+X$ 需小于等于 8。

如果用户集中在小区中心，可采用 SSB 波束 $1+X$ 部署方式，即水平方向使用 1 个 SSB 波束，$1+X$ 需小于等于 8；也可采用 SSB 波束 $M+X$ 部署方式，即水平方向使用 M 个 SSB 波束，$M+X$ 需小于等于 8。

垂直方向 SSB 波束配置的方式及数量 X 的值，具体如下。

如表 5-12 中垂直方向由下向上两层的统计占比超过一个阈值 $T1$，可参考 70%，则表明接入用户或业务量集中于垂直方向由下向上两层，SSB 垂直波束可设为 1。

如表 5-12 中垂直方向由下向上中间两层的统计占比超过一个阈值 $T1$，可参考 70%，则表明接入用户或业务量集中于垂直方向由下向上中间两层，SSB 垂直波束可设为 1+1。

如表 5-12 中垂直方向由下向上的上面两层的统计占比超过一个阈值 $T1$，可参考 70%，则表明接入用户或业务量集中于垂直方向由下向上的上面两层，SSB 垂直波束可设为 1+1+1。

SSB 波束 $M+X$ 的和需小于等于 8。可选择不同周期，如小时、忙时、天、周为周期，重新执行，实现对用户位置的精准定位来支持精准的 SSB 波束寻优。

4. 小结

基于 SRS 的 SSB 波束寻优，可增强 TDD 小区整体覆盖性能，SSB 波束寻优指向密集的用户，可提升密集用户的覆盖性能。针对密集组网场景及部分特殊场景，也可通过选择最优的场景化波束改善 5G 网络结构，控制越区覆盖，降低干扰。可兼顾 TDD 小区水平方向与垂直方向覆盖性能，使用二阶式波束寻优结果判断用户位置，进而给出精准且灵活的权值方案与波束配置。

第 6 章

无线侧与终端侧节能

相比 LTE 系统，NR 系统的无线侧天线端口大幅增加，基站高能耗成为运营商运营成本（Operating Expense，OPEX）居高不下的主要原因，此外，大型机房的空调节能、液冷节能也是运营商在节能方面重点关注的环节。无线侧节能的基础是不能影响用户的使用感知，同样，终端侧的节能也是关系到使用感知的关键因素，会影响到终端的待机续航能力以及电池寿命。终端侧节能需要启用 BWP（Bandwidth Part）功能，限制使用小数据包业务终端的频域工作带宽，达到终端节能的目标。

无线侧设备节能可概括为：时域节能、空域节能、频域节能、功率域节能。由于无线侧设备能耗较高，因此，运营商开展的绿色低碳智慧运维以无线侧设备的节能为主，又因为 NR TDD 的通道数相对更多，因此，5G 节能主要以 NR TDD 设备为主。常用的节能策略包括：符号关断、通道关断，因为 5G 频点少，5G 网络一般不涉及载波关断。NR TDD 系统，如 n28 频段的 700MHz 网络，由于并未达到连续覆盖，而且通道较少，目前的策略是不参与节能。

无线侧设备节能的基础是不影响用户业务使用，在 4/5G 网络并存的情况下，由于 5G 能耗高，有一种无线侧节能的策略是在网络闲时，关闭 5G 网络，只使用 4G 网络来承载用户的业务需求。但是，关闭 5G 网络会影响用户的使用体验，而且不同区域的业务忙时不一致，并不能给出明确的关闭 5G 网络的时间点，因此，该策略很快被否定。目前，5G 网络通常使用的节能策略以多通道的 NR TDD 系统为主。

NR TDD 系统在执行符号关断、通断关断的过程中，覆盖范围会有一定的变化，相应的覆盖性能也会有一定的变化，这时，需要考虑一定的覆盖补偿方案。目前，基于无线运维工作台，覆盖补偿方案已实际支撑多个业务环节的优化分析，最典型的应用案例是基站退服后，周边基站可实施一定的波束调整，主动向退服基站的方向进行覆盖；覆盖补偿方案也可以应用到节能策略实施后，部分远点用户的覆盖性能增强。总体而言，覆盖补偿方案可以调节 NR 小区的波束方向、波束功率，一定程度上提升用户的业务使用感知。

4G 网络的频点多，因此，4G 网络在无线侧节能策略时可以考虑载波关断，5G 频点较少，而且节能策略主要在 NR TDD 系统，因此，5G 的载波关断策略目前并未考虑。

5G 功率域节能的应用场景是在网络存在空余频域资源时，基于灵活频域调度的节能通过扩展目标用户的频域，并动态降低基站的发射功率，使基站整体能耗降低。由此可见，功率域节能应用场景是网络轻载情况。

终端侧节能方案是针对小数据量业务的终端，将使用的频域资源限制在一定范围内，从而达到节能的效果。某个品牌终端，推出 5G 终端 *13 型号，其自带的节电功能是手机屏幕激活（点亮）时，在 5G 网络注册；手机屏幕去激活（关灭）时由 5G 回落至 4G，再次点亮屏幕时由 4G 发起互操作至 5G。由于 5G 建网初期的信号还不能保证稳定、连续，该款终端在"有 4G 无 5G 室分系统"的高层住宅小区曾发生接不到电话的情况，最终通过 DPI 数据定位出根因是该款终端的 4G-5G 网络间 TAU，在 5G 覆盖性能弱的区域 TAU 失败，导致无法接通。

终端侧节能在一些特定的场景可能会影响通话业务，因为通话类 VoNR 业务也是一种小数据包业务。在实际的优化工作中，曾发现部分终端在终端节能策略实施并切换至小带宽 BWP 后，由于无线质量变差，PDCCH 资源受限无法得到及时的调度从而影响通话质量的情况。针对此问题，网优工程师最初的解决思路是关闭 NR 小区的 BWP 功能，使得该小区下所有终端不触发 BWP1 向 BWP2 的切换。但是这样操作会影响终端的续航能力，最终被放弃，目前针对语音类业务的节能策略是先识别业务类型，发现是 5QI=1 的 VoNR 业务，即启动不触发 BWP 切换。

针对 BWP 的优化，本章节给出了具体的案例分析，从终端的使用感知出发，BWP 功能一定要开启；但是在一些特定的场景，可以判断当前 BWP 切换是否存在异常、切换门限是否合理，从而调整 BWP 带宽间的切换参数来避免影响小数据包业务的使用感知。

6.1　无线侧节能

6.1.1　时域节能

1. 符号关断

在基站设备中，射频模块的 PA 的能耗最多，在没有信号输出时，PA 会产生静态能耗。为降低能耗，同时又能保证数据传送的完整性，引入符号关断。当基站检测到下行符号没有承载数据时，基站会实时关闭射频模块的 PA，以降低能耗。当基站检测到下行符号有承载数据时，基站会实时打开射频模块的 PA，以保证数据传送的完整性。

当符号上没有数据发送时，符号关断功能通过实时关闭射频模块的 PA，可降低能耗，网络负载越大，节能增益越小。为确保射频模块寿命不受符号关断影响，当射频模块温差过大时，节能增益可能会降低。

2. 智能符号关断

符号关断通过在无数据发送的符号上，实时关闭射频模块的 PA，获取节能增益。智能符号关断在符号关断的基础上，增加无数据发送的符号数，或者增加无数据发送的符号的关断深度，可以进一步获取节能增益。

智能符号关断包括两个功能，分别是节能调度、深度符号关断。

（1）节能调度

节能调度通过智能化的时域调度，在时域上获取更多无数据发送的符号，提升符号关断的时长，从而达到节能目的。为了获取更多无数据发送的符号，节能调度有四种方式，分别是 RMSI 广播周期动态调整、寻呼帧数量动态调整、符号汇聚、时隙汇聚。

◆ RMSI 广播周期动态调整

当基站检测到网络处于轻载或空载时，延长 RMSI（Remaining Minimum System Information）广播周期，以获取更多无数据发送的符号。当基站检测到网络处于常规负载时，恢复 RMSI 广播周期。如图 6-1 所示，RMSI 广播周期最大可延长为 160ms。RMSI 广播周期动态调整支持小区级调整和波束级调整。

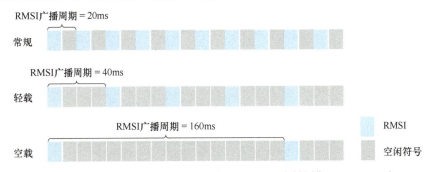

图 6-1 RMSI 广播周期动态调整示意图（RMSI 广播周期配置 20ms 时）

◆ 寻呼帧数量动态调整

当基站检测到网络处于轻载或空载时，可以通过减少寻呼周期内的寻呼帧（PF，Paging Frame）数量，以获取更多无数据发送的符号；当基站检测到网络处于常规负载时，恢复寻呼周期内的寻呼帧数量，如图 6-2 所示。

图 6-2 寻呼帧数量动态调整示意图

◆ 符号汇聚

基于 PDSCH 数据的大小，对一个时隙内有 PDSCH 数据的符号按照"扩频域，压时域"的原则调度汇聚 PDSCH 数据，即在一个时隙内将时域上的部分 PDSCH 数据调度汇聚到另一部分有 PDSCH 数据的符号所在的频域上，以获取更多无数据发送的符号。符号汇聚的长度可通过参数 SymbolCompressLength 控制，当该参数取值"7SYMBOL"时，表示在一个时隙内支持将时域上的部分 PDSCH 数据调度汇聚到最少 7 个有 PDSCH 数据的符号所在的频域上，如图 6-3 所示。

当该参数取值"4SYMBOL"时，表示在一个时隙内支持将时域上的部分 PDSCH 数据调度汇聚到最少 4 个有 PDSCH 数据的符号所在的频域上。

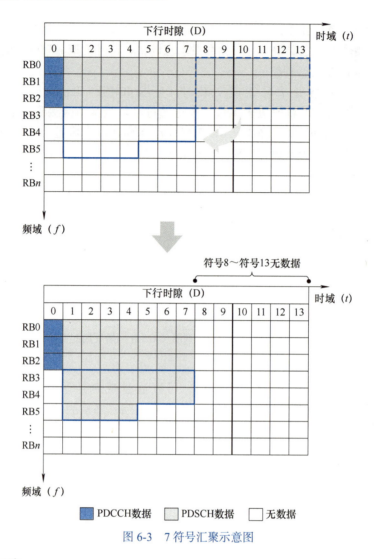

图 6-3 　7 符号汇聚示意图

◆ 时隙汇聚

时隙汇聚是以增加一定的调度时延为代价，把 PDSCH 数据调度汇聚到 MIB（Master Information Block）、SIB1（System Information Block）、OSI（Other System Information）或 Paging 对应的时隙上发送，使 PDSCH 数据的调度在时域上更集中，以获取更多无数据发送的符号，如图 6-4 所示。

时隙汇聚的首包时延门限可以通过参数 RlcFirstPktDelayThld 配置，当用户的首包时延小于等于该门限时，待调度的数据将时隙汇聚后再发送。当用户的首包时延大于该门限时，待调度的数据将直接调度发送。

（2）深度符号关断

深度符号关断根据不同射频模块的能力智能化调整符号关断状态下的关断器件，提升符号关断的深度，从而达到节能目的。在基站设备中，射频模块的 RoC（Radio on a Chip）的能耗较多，在没有信号输出时，RoC 会产生静态能耗。为降低能耗，同时又能保证数据传送的完整性，引入深度符号关断，如图 6-5 所示。

当基站检测到下行符号没有承载数据时，基站会实时关闭射频模块的 RoC，以降低能耗。当基站检测到下行符号有承载数据时，基站会实时打开射频模块的 RoC，以保证数据传送的完整性。

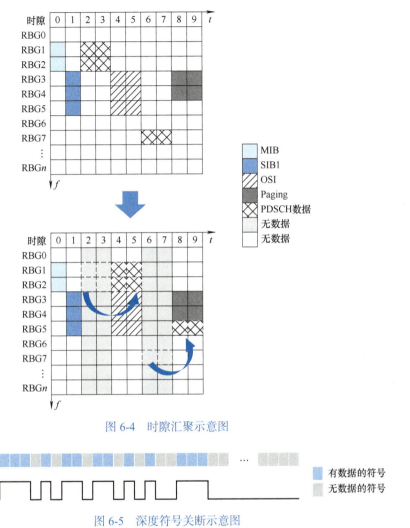

图 6-4　时隙汇聚示意图

图 6-5　深度符号关断示意图

当网络处于轻载或空载时，相比符号关断，智能符号关断可以进一步提升符号关断的增益，降低基站能耗。

深度符号关断生效后，对网络无影响。节能调度生效后，驻留在该小区的空闲态用户接入时延略有增加，已接入该小区的连接态用户最大等待时延为数据包所在承载 QCI（QoS Class Identifier）对应 PDB（Packet Delay Budget）的 10%，上行 Ping 时延会增加。

由于公共消息的发送频率可能会降低，可能导致随机接入次数减少、CCE 平均汇聚级别下降、CCE 利用率降低、PRB 利用率降低。

当寻呼帧数量动态调整功能生效时，通过系统消息更新告诉终端寻呼帧数量发生变更，如果终端信号差没有正常接收到该消息，则可能导致寻呼失败。

当符号汇聚功能生效时，参数 SymbolCompressLength 配置为"4SYMBOL"相比于配置为"7SYMBOL"，小区下行 PRB 利用率会抬升。

当时隙汇聚功能生效时，用户下行首包时延会提升，下行汇聚调度后小数据包变成大数据包，会增大 MU-MIMO 配对概率；当本小区和邻区用户数据在相同时域资源调度时，可能会导致本小区和邻区间的下行干扰增加，从而导致误块率提高、重传增多，用户感知速率可能会下降。下行汇聚调度后 PDSCH 调度次数减少，可能会减少 CSI-RS 的干扰，使部分 CQI 指标抬升，进而导致 MCS 抬升，用户感知速率上升，PRB 利用率可能会降低。

6.1.2　空域节能

1. 射频通道智能关断

（1）原理阐述

射频通道智能关断可在设定的时间段内，在低负载的场景，关断射频模块的部分射频通道，以降低射频模块的能耗，从而达到节能的目的。

在射频通道智能关断可生效时间段内，小区会周期性判决是否进入射频通道智能关断状态。若同时满足如下两个条件，则小区进入射频通道关断状态。

小区下行 PRB 利用率［（下行 PDSCH DRB 业务平均使用的 PRB 个数 − 下行 PDSCH 平均使用的扩展 PRB 数）／下行平均可用 PRB 个数］≤小区启动射频通道智能关断的下行 PRB 门限。

小区 RRC 连接态用户数（N.User.RRCConn.Avg）≤启动射频通道智能关断的用户数门限。

（2）网络影响

在 Macro 场景下，基站默认关闭小区上行或下行一半的发射通道。对于 NR（TDD），可通过参数 RfChnShutdownMode 配置为同时关断下行和上行通道，还是关断下行通道，通常情况，从设备侧节能的角度考虑，关断下行通道即可。

当网络处于轻载或空载时，射频通道智能关断可降低能耗。但在如下场景，节能增益有限：

在射频模块配置了多个载波的场景，需要每个载波都配置射频通道智能关断且生效时间有重叠，覆盖补偿模式、通道关断模式、各载波配置的通道关断触发判决周期需要保持一致。

2. 低功率射频通道动态关断

（1）原理阐述

低功率射频通道动态关断是指在设定时间段内，当网络处于轻载或中载时，若发射通道上仅存在 SU 用户的数据业务，则可关断对应的发射通道，获得节能增益。

针对普通小区场景，小区的下行 PRB 利用率≤启动低功率射频通道动态关断的下行 PRB 门限，则普通小区将自动进入通道关断状态。

下行 PRB 利用率的计算方式为（下行 PDSCH DRB 业务平均使用的 PRB 个数 − 下行 PDSCH 平均使用的扩展 PRB 数）／下行平均可用 PRB 个数。

（2）网络影响

当网络处于轻载或中载时，低功率射频通道动态关断可通过关断部分发射功率比较低的通道，使基站整体能耗降低。如果可以关断的低功率通道比较少，节能增益会降低。

当网络中存在如下低功率射频通道动态关断的非目标用户时，节能增益有可能降低：正在做 CoMP、CS（Coordinated Scheduling）、CBF（Coordinated Beamforming）、VoNR、或高可靠业务的用户。

低功率通道关断生效后，IBLER（Initial Block Error Rate）可能会上升。根据低功率门限的取值，用户感知速率可能会下降。低功率门限配置值越高，用户感知速率下降越多。用户下行调度平均 MCS 会下降。普通小区的下行 PRB 利用率指标可能会抬升。

3. TTI 通道关断

（1）原理阐述

TTI 通道关断是根据 TTI 级负载，来开启和关闭射频通道，以达到节能的效果。在设定时间段内网络处于轻载，且小区 TTI 级负载较低时，执行下列操作。

数据信道关断：若发射通道上仅存在 SU 用户的数据业务，则关断对应的发射通道，获得节能增益。

公共信道关断：对于 TDD，若发射通道上仅存在 SSB、RMSI、OSI、Paging 信令和 SU 用户的数据业务，则关断对应的发射通道，并对剩余发射通道自动进行功率补偿以保证覆盖，获得节能增益。

小区瞬时负载较高时，基站快速恢复全部发射通道以保障用户业务体验。

在 NR 多载波场景，TTI 通道关断的节能增益会降低。在 NR 多载波的场景下，推荐多载波间的 TTI 通道关断的节能策略配置一致，以获取更多节能增益。

（2）网络影响

1）TTI 通道关断的数据信道关断生效后，对网络产生的影响包括：

① IBLER（initial block error rate）会提升。

② 小区的平均 CCE 利用率会提升，CCE 聚集级别会提升。

③ 用户下行调度平均 MCS 会下降。

④ 小区下行吞吐率可能会略微降低。

⑤ 普通小区场景，下行 PRB 利用率指标可能会抬升。

2）TTI 通道关断的公共信道关断生效后，对网络产生的影响包括：

覆盖会略微受损，掉话率、接入成功率和切换成功率会略微恶化。对于 TDD，当公共信道关断生效时，数据信道也同时生效，因此同时存在公共信道关断和数据信道关断生效的影响。

6.1.3 功率域节能

1. 原理分析

当网络存在空余频域资源时，基于灵活频域调度的节能通过扩展目标用户的频域，并动态降低基站的发射功率，使基站整体能耗降低，如图 6-6 所示。由此可见，功率域节能的应用场景是在网络轻载的情况下，基站调度用户使用更多的频域资源，从而降低基站调度该用户所使用的资源的功率。

针对普通小区场景，小区的下行 PRB 利用率 ≤ NRDUCellPowerSaving.DlPrbThld，则普通小区将自动进入基于灵活频域调度的节能状态。小区下行 PRB 利用率 >（NRDUCellPowerSaving.DlPrbThld＋NRDUCellPowerSaving.DlPrbOffset），小区将自动退出基于灵活频域调度的节能状态。

针对 Hyper Cell 小区、小区合并场景，TRP 的下行 PRB 利用率 ≤ NRDUCellPowerSaving.

DlPrbThld，则 TRP 将自动进入基于灵活频域调度的节能状态。

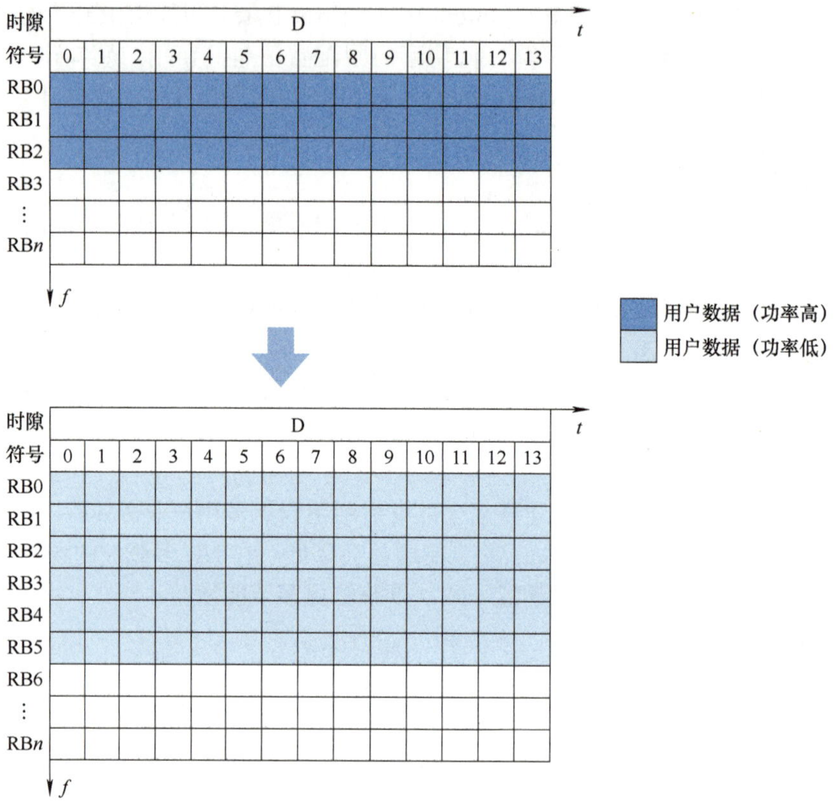

图 6-6　基于灵活频域调度的节能示意图

针对 Hyper Cell、小区合并场景，某个 TRP 的下行 PRB 利用率 >（NRDUCellPower Saving.DlPrbThld+NRDUCellPowerSaving.DlPrbOffset），该 TRP 自动退出基于灵活频域调度的节能状态。仅当所有 TRP 都退出时，Hyper Cell 小区或合并小区退出基于灵活频域调度的节能状态。

2. 增益分析

当网络处于轻载或中载时，基于灵活频域调度的节能可通过扩展目标用户的频域，并动态降低基站的发射功率，使基站整体能耗降低。如果网络负载上升，则可调度的频域资源减少，节能增益会降低。

当网络中存在部分基于灵活频域调度的节能的非目标用户时，节能增益有可能降低；当网络中均为基于灵活频域调度的节能的非目标用户时，则无节能增益。

3. 对网络的影响

基于灵活频域调度的节能生效后，对网络的影响包括以下几点。

1）IBLER（Initial Block Error Rate）会提升，对于下行 CA 场景，基于灵活频域调度的节能可能会使下行 CA 用户在 SCC 上的流量下降。

2）用户下行调度平均 MCS 会下降。

3）对于邻区干扰较强的小区，N.PRB.DL.DrbUsed.Avg、N.PRB.DL.Used.Avg 可能会降低。

N.PRB.DL.Used.Avg：下行平均使用的 PRB 个数，用于分析下行 PDSCH 与 SSB 信道的 PRB 使用情况。

N.PRB.DL.DrbUsed.Avg：下行 PDSCH DRB 业务平均使用的 PRB 个数，用于分析下行 PDSCH 信道 DRB 业务的 PRB 使用情况。

4）此外，普通小区场景，下行 PRB 利用率指标可能会提升。Hyper Cell 和合并小区场景，TRP 下行 PRB 利用率指标可能会提升。

6.1.4　NR TDD 系统基于 AAU 波束统计的节能策略

1. 应用场景分析

TDD 制式上行链路与下行链路共用相同的频谱，信道互易性支持 TDD 系统使用上行信道估计值对下行信道进行赋形，因此，TDD 制式一般使用多通道进行波束赋形来获得赋形增益。TD-LTE 系统通常采用 8 通道，NR TDD 系统则通常采用 64 通道。在接入用户少、业务需求少的低负荷时段，多通道意味着功率利用率低，因而在基站节能方面首先要考虑多通道系统。由于 5G 使用更大的频谱带宽，天线也采用更多通道，能耗相对 4G 更高，5G NR TDD 网络的节能策略是建设维护过程必须要考虑的。

5G 网络相比 4G 网络较明显的改进是 64 通道的 AAU 天线可以更好地支持垂直方向的信号覆盖，相较于 4G 网络的水平方向覆盖，5G 网络支持更大容量的同时，提升了垂直方向的信号覆盖性能。在实施 5G 网络节能策略的过程中，NR TDD 网络水平方向的覆盖性能可通过 4G 网络进行补充，但是垂直方向的覆盖性能必须依靠 NR TDD 网络的垂直波束进行覆盖。

目前针对 NR TDD 网络的 64 通道 AAU 的节能策略是低负荷时段关闭 50% 的通道，并不区分水平方向或垂直方向，不能保证垂直方向的覆盖性能。本节所述的一种 5G 网络基于 AAU 波束统计的节能策略，通过采集 AAU 每个通道在不同时段的接入用户数、上下行流量，在满足节能策略的时段，依据 AAU 波束统计结果，核查垂直方向的 AAU 通道的业务量，制定保证垂直方向覆盖性能的 AAU 通道关断策略，以及节能策略实施后 SSB 波束调整策略，保证垂直方向接入用户的覆盖性能，规避由于实施节能策略而影响用户的使用感知。

2. 现有技术方案分析

现有的 4/5G 基站节能方法都是在系统低负荷时段采用关断符号、关断通道，甚至关断载波的方法；系统低负荷时段是指 PRB 利用率低且 RRC 接入用户数少的时段。

4/5G 网络的 FDD 制式多采用 2 通道、4 通道；而 TDD 制式则采用 8 通道、64 通道，由于关断通道会影响覆盖性能，4/5G FDD 制式的基站并不开启普遍性的节能策略。关断通道类的节能策略普遍用于多通道的 4/5G TDD 制式的基站。

5G 网络 TDD 制式基站，即 NR TDD 基站，默认配置 64 通道的有源天线单元 AAU，如图 6-7 所示，AAU 天线结构是正负 45°振子构成一对双极化振子，共有 128 个振子，在水平方向使用 1 驱 1 方式，在垂直方向使用 1 驱 2 方式（如果 AAU 天线包括 192 个振子，则垂直方向使用 1 驱 3 方式），每一个通道包含同一极化方向的两个振子，共有 64 个通道。

现有 5G 网络配置 64 通道 AAU 天线的 NR TDD 基站的节能策略是在预设的低负荷时段关断 50% 的射频通道，如 64 通道设备关断 50% 成为 32 通道设备，从而降低基站功耗的技术。

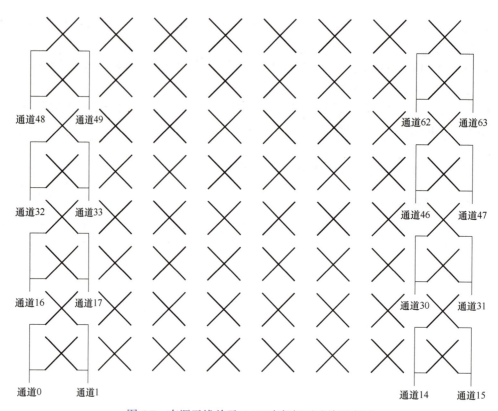

图 6-7　有源天线单元 AAU 内部振子连接示意图

从覆盖性能的角度考虑，尤其是垂直方向的用户的覆盖性能考虑，现有的节能策略存在明显的不足。

现有的 NR TDD 基站的节能策略是在预设的低负荷时段关断 50% 的射频通道，如 64 通道设备关断 50% 成为 32 通道设备，从而降低基站功耗。现有的关断 50% 的通道的节能策略并没有明确关断水平方向或是垂直方向的射频通道，相应的 AAU 天线的振子序列没有明确指定，因此不能保证垂直方向的覆盖性能，因而也不能保证用户的使用感知。

3．NR TDD 系统基于 AAU 波束统计的节能策略

（1）采集 NR TDD 系统 AAU 参数

采集当前网络的天线权值配置参数，包括天线水平波瓣宽度、垂直波瓣宽度、子波束水平波瓣宽度、子波束垂直波瓣宽度。

目前 NR TDD 主流设备厂家经过严格的电磁波暗室测试和现网验证，形成了 AAU 天线固定权值波束方案，见表 6-1。网络维护人员可按照实际覆盖场景类型选择其中一种权值配置可完成权值优化。

表 6-1　某厂商 17 种标准化权值组合 pattern

场 景 类 型	水平 3dB 波宽	垂直 3dB 波宽	下倾角调整范围	方向角调整范围
Default0	105°	6°	−2 ～ 13	0
S1	110°	6°	−2 ～ 13	0
S2	90°	6°	−2 ～ 13	−10 ～ 10

（续）

场景类型	水平 3dB 波宽	垂直 3dB 波宽	下倾角调整范围	方向角调整范围
S3	65°	6°	−2 ～ 13	−22 ～ 22
S4	45°	6°	−2 ～ 13	−32 ～ 32
S5	25°	6°	−2 ～ 13	−42 ～ 42
S6	110°	12°	0 ～ 9	0
S7	90°	12°	0 ～ 9	−10 ～ 10
S8	65°	12°	0 ～ 9	−22 ～ 22
S9	45°	12°	0 ～ 9	−32 ～ 32
S10	25°	12°	0 ～ 9	−42 ～ 42
S11	15°	12°	0 ～ 9	−47 ～ 47
S12	110°	25°	6	0
S13	65°	25°	6	−22 ～ 22
S14	45°	25°	6	−32 ～ 32
S15	25°	25°	6	−42 ～ 42
S16	15°	25°	6	−47 ～ 47

此外，还需采集当前 NR TDD 小区的广播 SSB 波束配置情况。通常情况下，目前 NR TDD 小区 SSB 广播波束可支持最多配置 8 个 SSB。

目前，国内运营商使用 n41 频段（2.6GHz）的 NR TDD 系统采用 8∶2 单周期时隙配比（8_2_DDDDDDDSUU），可支持 8 个 SSB 波束；使用 n78 频段（3.5GHz）与 n79 频段（4.9GHz）的 NR TDD 系统采用 7∶3 双周期时隙配比（7_3_DDDSUDDSUU）的时隙结构，最大可支持 7 个 SSB 波束。

SSB 波束水平配置 8 波束，即 H8，对应 Default0，S0 模式，主要面向水平方向的覆盖性能。

SSB 波束垂直配置 8 波束，即 V8，对应 S11、S16 模式，主要面向垂直方向的覆盖性能。

SSB 波束水平配置 2 波束，垂直配置 2 波束，即 H2V2，可对应 S3/S4、S8/S9、S13/S14 模式，可兼顾水平方向与垂直方向的覆盖性能。

（2）NR TDD 系统 AAU 波束统计

采集 AAU 波束统计，包括 AAU 每个通道在不同时段的接入用户数、上行流量、下行流量，在一定时间周期内筛选满足当前节能策略要求的时段。

对 NR TDD 小区 64 通道 AAU 的每个通道，采集不同时段的 RRC 接入用户数、上行流量、下行流量，将上行流量与下行流量求和生成该通道的总流量。

根据当前 5G 节能策略，在一定时间周期内（如 1 周，2 周）筛选满足当前节能策略要求的时段。当前 5G 节能策略可参考以下设置：当 NR TDD 小区上下行 PRB 利用率均低于 10% 且 RRC 最大连接用户数低于 5 时，开启通道关断。

（3）制定保证垂直方向覆盖性能的 AAU 通道关断策略

在满足当前节能策略的时段，依据 AAU 波束统计结果，核查垂直方向的 AAU 通道的业务量，制定保证垂直方向覆盖性能的 AAU 通道关断策略。

依据 AAU 通道 0～通道 63 的统计结果，核查垂直方向的 AAU 通道业务量，包括 RRC 接入用户数与上下行流量和。本节能策略旨在保证垂直方向的覆盖性能，相应的节能策略需判定垂直维度的 RRC 接入用户数，以及上下行流量和。

◆ 关断 AAU 通道 32～通道 63

在满足当前节能策略的时段，按照目前关断 AAU 50% 通道的策略，计算垂直方向 AAU 通道 0～通道 31 的 RRC 接入用户数与上下行流量和，以及 AAU 通道 32～通道 63 的 RRC 接入用户数与上下行流量和。

如果 AAU 通道 0～通道 31 的 RRC 接入用户数，与该 NR TDD 小区在该时段的 RRC 接入用户数的比值超过一个阈值 $T1$（如 80%），或者如果 AAU 通道 0～通道 31 的上下行流量和，与该 NR TDD 小区在该时段的上下行流量和的比值超过一个阈值 $T2$（如 90%），则关断 AAU 通道 32～通道 63，关断通道序列如图 6-8 所示。

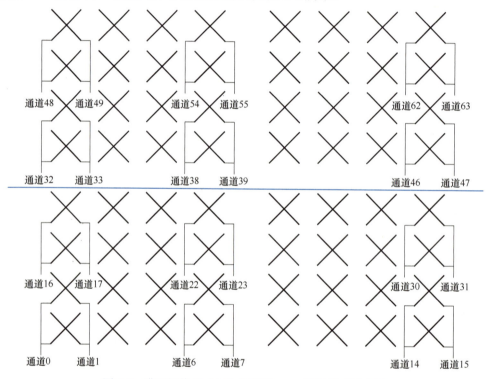

图 6-8   满足阈值 $T1$ 与 $T2$ 的关断 AAU 通道序列示意图

◆ 关断 AAU 通道 0～通道 31

如果 AAU 通道 32～通道 63 的 RRC 接入用户数，与该 NR TDD 小区在该时段的 RRC 接入用户数的比值超过一个阈值 $T1$（如 80%），或者如果 AAU 通道 32～通道 63 的上下行流量和，与该 NR TDD 小区在该时段的上下行流量和的比值超过一个阈值 $T2$（如 90%），则关断 AAU 通道 0～通道 31。

◆ 关断水平方向的 AAU 通道

如果 AAU 通道 0～通道 31 的 RRC 接入用户数，与该 NR TDD 小区在该时段的 RRC 接入用户数的比值未超过一个阈值 $T1$（如 80%），或者如果 AAU 通道 0～通道 31 的上下行流量和，与该 NR TDD 小区在该时段的上下行流量和的比值未超过一个阈值 $T2$（如

90%），说明该 NR TDD 小区接入的用户分散在垂直方向的不同通道中，则执行以下关断策略，如图 6-9 所示。

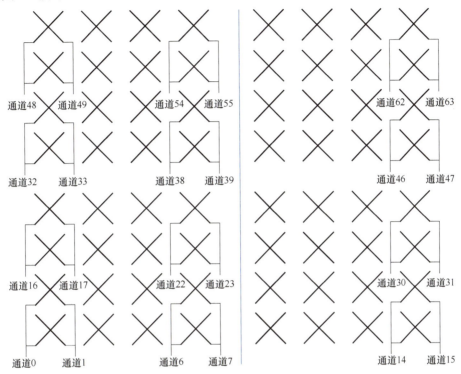

图 6-9　未满足阈值 $T1$ 与 $T2$ 的关断 AAU 通道序列示意图

关断 AAU 通道 0 ～通道 7；
关断 AAU 通道 16 ～通道 23；
关断 AAU 通道 32 ～通道 39；
关断 AAU 通道 48 ～通道 55。
或执行以下关断策略：
关断 AAU 通道 8 ～通道 15；
关断 AAU 通道 24 ～通道 31；
关断 AAU 通道 40 ～通道 47；
关断 AAU 通道 56 ～通道 63。

4. 节能策略实施后 SSB 波束调整策略

依据 NR TDD 系统 AAU 通道的统计结果，RRC 接入用户数，与该 NR TDD 小区在该时段的 RRC 接入用户数的比值超过一个阈值 $T1$，或上下行流量和，与该 NR TDD 小区在该时段的上下行流量和的比值超过一个阈值 $T2$（如 90%），则关断 AAU 通道 32 ～通道 63，或关断 AAU 通道 0 ～通道 31。

相应的 NR TDD 小区 SSB 广播波束可调整为 H8 或 H2V2。

RRC 接入用户数的比值未超过一个阈值 $T1$，或上下行流量和，与该 NR TDD 小区在该时段的上下行流量和的比值未超过一个阈值 $T2$，NR TDD 小区 SSB 广播波束可调整为 V4 或 H2V2。

对比节能策略实施前后的 RRC 接入成功率指标和用户投诉数量，如发现 NR TDD 网络性能指标下降或用户投诉明显增加，需回退节能策略。

5. 小结

依据 AAU 波束统计结果，核查垂直方向的 AAU 通道的业务量，制定保证垂直方向覆盖性能的 AAU 通道关断策略，判决 AAU 垂直方向 50% 的通道统计值是否超过一个阈值，由此来决定关闭 50% 的 AAU 通道序列。

依据保证垂直方向覆盖性能的 AAU 通道关断策略，对 NR TDD 小区的 SSB 广播波束权值进行相应调整，在节能策略实施时段，使得 SSB 波束权值调整后也可以保证垂直方向用户的接入成功率。

6.2　终端侧节能

6.2.1　BWP 功能

1. BWP 原理

3GPP 中定义了 BWP（Bandwidth Part）的概念，终端可以工作于小区总带宽的部分带宽上。对于处于 RRC 连接态的终端，当终端需要传输小数据量业务时，终端工作于较窄的带宽上；当终端需要传输大数据量业务时，终端工作于更宽的带宽上。通过 BWP 的应用，可实现终端功耗的降低，是 NR 网络实现终端节能的解决方案。

BWP 即部分带宽，是 NR 协议中提出的新概念。BWP 是指网络侧（基站）配置给终端的一段连续的带宽资源，可实现网络侧和终端侧灵活传输带宽配置。BWP 是终端级概念，不同终端可配置不同的 BWP。

2. BWP 分类

（1）Initial BWP

Initial BWP 是指终端初始接入阶段（终端新入网或终端进行小区切换）配置的 BWP，即 BWP0，如图 6-10 所示。

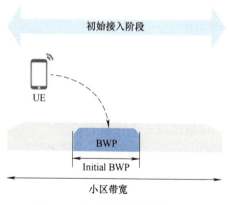

图 6-10　初始接入阶段的 BWP

初始接入时的信号和信道在 Initial BWP 内传输。上行 Initial BWP（Initial UL BWP）和下行 Initial BWP（Initial DL BWP）分别独立配置。

（2）Dedicated BWP

Dedicated BWP 是指终端在 RRC 连接态配置的 BWP，如图 6-11 所示。

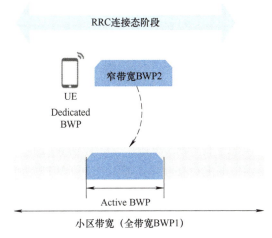

图 6-11　RRC 连接态的 BWP

当前 1 个终端可以通过 RRC 信令配置 2 个上行 Dedicated BWP 和 2 个下行 Dedicated BWP。2 个 Dedicated BWP 中，1 个是全带宽 BWP1，1 个是窄带宽 BWP2。Dedicated UL BWP 和 Dedicated DL BWP 需分别配置。

需要强调的是，BWP 是成对使用的，即终端上行和下行同时使用全带宽 BWP1 或窄带宽 BWP2。

（3）Active BWP

Active BWP 是指终端在 RRC 连接态某一时刻激活的 Dedicated BWP。NR 协议规定，在 RRC 连接态，某一时刻终端只能激活 1 个配置的 Dedicated BWP。

3. BWP 切换

BWP 切换是指 RRC 连接态的行为，终端配置 2 个 Dedicated BWP，当满足切换条件时，基站和终端同时进行全带宽 BWP1 和窄带宽 BWP2 间切换。

gNB 通过 DCI（Downlink Control Information）来指示终端进行 2 个 Dedicated BWP 间的切换，如图 6-12 所示。DCI 指示中 DCI 0_1（上行）或 DCI 1_1（下行）中包含字段 "Bandwidth part indicator"，用以指示终端进行 BWP1 和 BWP2 之间的切换。

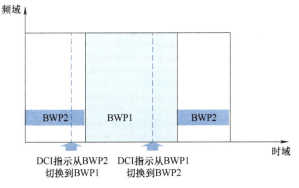

图 6-12　基于 DCI 信令的 BWP 切换

全带宽 BWP1 和窄带宽 BWP2 间的切换机制如下。

（1）全带宽 BWP1 切换到窄带宽 BWP2

基站以 Bwp1ToBwp2EvaluatePeriod 为周期进行判断，当同时满足如下条件时，基站和终端进行全带宽 BWP1 到窄带宽 BWP2 的切换。

1）用户下行 RLC 吞吐率小于 Bwp1ToBwp2DlThptThld 设置的门限，且下行 RLC 缓存数据量小于 BWP1 向 BWP2 切换的下行业务量门限。其中，BWP1 到 BWP2 切换的下行业务量门限 =min{基于无线信道质量预估的下行吞吐率 ×BWP1 向 BWP2 切换的下行缓存时长，DlStateTransitBufVolThld× 0.5×（BWP2 带宽 /BWP1 带宽）}。

2）用户上行 RLC 吞吐率小于 Bwp1ToBwp2UlThptThld 设置的门限，且上行 BSR 数据量小于 BWP1 向 BWP2 切换的上行业务量门限。其中，BWP1 向 BWP2 切换的上行业务量门限 = 基于无线信道质量预估的上行吞吐率 ×BWP1 向 BWP2 切换的上行缓存时长。

（2）窄带宽 BWP2 切换到全带宽 BWP1

基站以 ms 粒度的周期进行判断（周期为系统设定，不可更改），当满足如下任一条件时，基站和终端进行窄带宽 BWP2 到全带宽 BWP1 的切换。

1）用户下行 RLC 缓存数据量大于等于 BWP2 向 BWP1 切换的下行业务量门限。其中，BWP2 到 BWP1 切换的下行业务量门限 =min{基于无线信道质量预估的下行吞吐率 × BWP2 向 BWP1 切换的下行缓存时长，DlStateTransitBufVolThld×（BWP2 带宽 /BWP1 带宽）}。

2）用户上行 BSR 数据量大于等于 BWP2 向 BWP1 切换的上行业务量门限。其中，BWP2 向 BWP1 切换的上行业务量门限 = 基于无线信道质量预估的上行吞吐率 ×BWP2 向 BWP1 切换的上行缓存时长。

4. 网络影响

当小区内用户数较多时，可通过改变 Bwp2SchFailRateThld 的值来控制 BWP2 和 BWP1 之间切换的难易程度。该参数设置得越小，用户越难从全带宽 BWP1 切换到窄带宽 BWP2 上，网络性能越好，节能效果越差；该参数设置得越大，用户越容易从全带宽 BWP1 切换到窄带宽 BWP2 上，节能效果越好，网络性能越差。

考虑到窄带宽 BWP2 上的 CCE 资源有限，可能会出现窄带宽 BWP2 切换全带宽 BWP1 的 DCI 调度不成功的情况，需考虑 BWP2 切换 DCI 调度优化功能。

考虑到终端节能 BWP2 开关为小区级参数，广域网无法针对 ToB 业务单独关闭省电 BWP 功能。为避免影响 ToB 时延敏感用户的时延问题，可以针对 ToB 业务单独关闭省电 BWP。

6.2.2 5G 网络面向低时延小包业务的 BWP 策略

1. NR 系统承载小数据包业务的现状分析

NR 系统 BWP 功能允许 UE 可以工作于 NR 小区总带宽的部分带宽，在不同的业务需求下使用不同的 BWP 带宽。当 UE 需要传输低速率业务时，UE 工作于较窄的带宽上；当 UE 需要传输高速率业务时，UE 工作于较宽的带宽上。

NR 系统 SA 架构的语音业务（Voice over NR，VoNR）以及游戏业务是典型的低时延、小包业务。5G 网络中使用针对各种业务的不同需求，为其提供端到端的服务质量（Quality of Service，QoS），映射到相同 5G QoS 级别的所有报文都接收相同的转发处理（如调度策略、队列管理策略、速率整形策略、RLC 配置等）。

5QI 是一个接入节点特定参数，用于控制 QoS 级别的转发处理，VoNR 业务使用 5QI＝5 用于建立信令连接、5QI＝1 用于 VoNR 业务。

BWP 功能是 5G 网络中面向终端的节能方法之一，BWP 功能在终端使用小包业务时，为终端分配小带宽，有助于终端节电，保持更长的续航时间。BWP 功能将终端可使用的频域资源减少，如 BWP2 只支持 51 个 RB，而全带宽有 273 个 RB。

NR 网络中 BWP 共分为如下三类。

1）BWP0：所有用户进行 RRC 建立时用的带宽，一般配置为 48RB。

2）BWP1：初始 BWP，UE 刚建立 RRC 时会全带宽占用，即 273RB。

3）BWP2：这时已经进入业务数传阶段，根据业务速率需求（大包还是小包）来判决用哪个带宽，如果是小包业务就会将这个 UE 占用带宽切换为 BWP2（一般配置 51RB 或者 64RB）。

当前通过 PDCCH DCI 指示中 DCI 0_1（上行）或 DCI 1_1（下行）中包含字段 "Bandwidth part indicator"，用以指示终端进行全带宽 BWP1 和窄带宽 BWP2 之间的切换。

目前 5G 网络的面向终端的节能方法是启用 BWP2，在 BWP2 配置 51 个 RB，而 BWP1 配置 273 个 RB，通过减小终端可使用的频域资源，来达到终端节能的目的。但是，测试中发现启用 BWP2 节能方法后，低时延小包业务 VoNR 出现通话质量变差的问题。

VoNR 通话过程中，丢包是影响感知的最主要指标，连续丢 3 个以上实时语音传输包 RTP（Real-Time Transport Protocol），会感知到吞字，多个吞字会出现断续、单通现象，BWP2 开启后 VoNR 丢包率明显提升，见表 6-2。

表 6-2 BWP2 开启与关闭模式下 VoNR 丢包率对比

	测试用例	用户数	测试时长 /min	VoNR 丢包率	BWP2 占用时长 /s	平均每用户占用 BWP2 时长 /s
BWP2 开启	2 部终端	2	15	0.22%	2405	1202.5
	20 部终端	20	15	0.30%	8865	443.25
BWP2 关闭	2 部终端	2	15	0.06%	0	0
	20 部终端	20	15	0.03%	0	0

2. 现有的技术的不足分析

启用 BWP2 节能方法后，低时延小包业务 VoNR 出现通话质量变差问题，现有的技术是：关闭 BWP2，以及禁止在 VoNR 通话期间进入 BWP2。现有的技术存在如下明显的问题。

（1）关闭 BWP2

通过 NR 网络中的 BWP 状态来看，BWP1 是全带宽，BWP2 是部分带宽（一般配置 51RB 或者 64RB），可以发现 NR 网络中 BWP 节能策略主要是通过执行 BWP2，减少终端的使用带宽，从而获得更长的续航时长。如果关闭 BWP2，就意味着放弃 NR 网络的 BWP 节能方法，因此，关闭 BWP2 是存在严重不足的。

（2）禁止在 VoNR 通话期间进入 BWP2

从测试情况来看，当终端驻留在 NR 小区时，如果不传送较大的数据包，大概率是驻留在 BWP2 带宽中，即已完成从 BWP1 向 BWP2 的切换；如果此时发起语音通话 VoNR 业务，将面临从 BWP2 切换至 BWP1，然后再发起 VoNR 业务，这必然导致 VoNR 的时延变长，甚至影响 VoNR 接通率。

禁止在 VoNR 通话期间进入 BWP2 的前提是：VoNR 通话前，终端并非驻留在 BWP2，即驻留在 BWP1，从终端常规行为分析，终端应该是大概率驻留在 BWP2 的，因此需要考虑发起 VoNR 业务时从 BWP2 切换至 BWP1，再发起 VoNR 业务，影响时延与 VoNR 接通率。

3. 面向低时延小包业务的 BWP 策略

（1）采集 NR 小区相关指标

◆ PDCCH CCE 利用率指标

NR 小区 PDCCH CCE 利用率表征 NR 小区 CCE 忙闲程度。

指标定义：PDCCH CCE 利用率 = 平均使用的 PDCCH CCE 个数 / 平均可用的 PDCCH CCE 个数。

◆ 5QI=1 上行丢包率

分时段采集，可采集周期为 60min，见表 6-3，也可采集其他的时间间隔，如 15min、5min、1min。

表 6-3　NR 小区 5QI=1 上行丢包率

NRCELL	PDCP 上行丢包率（5Q1）
A2_XH（NSA）HRD_H-2	0.40%
A2_XH（NSA）HRD_H-3	0.5%
A2_XH（NSA）HRD_H-1	0.66%

对于上行丢包率统计而言，基站侧只需要统计 UE 侧发送的 PDCP 包的序号，出现不连续的即为丢包，直接通过 PDCP 层丢包统计上行丢包率。如终端发送了 PDCP 序号为 1～5 个共 5 个包，而基站侧只收到 1/2/3/5 共 4 个包，则基站侧统计的上行丢包率为 20%，因此小区 PDCP 上行丢包率可表征小区上行丢包率。

NR 中 5QI 是不同业务使用的 QoS 标识符向，5QI=1 表示会话类语音业务，即 VoNR 业务。

◆ 上行 CCE 分配失败比例指标

CCE（Control Channel Element）是 PDCCH 传输的最小资源单位。PDCCH 资源映射到 RB（Resource Block），一个 CCE 对应 6 RB，PDCCH 可能占用的资源以及 PDCCH 实际占用的资源都用 CCE 描述。例如：100MHz（273RB）带宽下，一个符号内子载波间隔为 30kHz 时，最多有 45 个 CCE（270RB）。

由于 PDCCH 下行 DCI 分配负载传送系统消息，为了保障传输质量，使用较大的 PDCCH 聚焦级别。PDCCH 上行 DCI 聚焦级别不需要传输系统消息，只是通过 UE 当前的无线质量来决定使用不同的聚焦级别，因此，上行 CCE 分配失败比例指标可更准确地表征 UE 的状态。

上行 CCE 分配失败比例指标是指：1- 聚焦级别为 1/2/4/8/16 的上行 DCI 分配成功次数的总和与 PDCCH 上行 DCI CCE 分配申请次数的比值，定义如下。

上行 CCE 分配失败比例 =1-（聚集级别为 1 的 PDCCH 上行 DCI 分配成功总次数 + 聚集级别为 2 的 PDCCH 上行 DCI 分配成功总次数 + 聚集级别为 4 的 PDCCH 上行 DCI 分

配成功总次数 + 聚集级别为 8 的 PDCCH 上行 DCI 分配成功总次数 + 聚集级别为 16 的 PDCCH 上行 DCI 分配成功总次数）/PDCCH 上行 DCI CCE 分配申请次数 ×100%。

◆ 采集 NR 小区的 BWP 设置情况

一般来说，目前的默认设置是 BWP0:48 RB　BWP1:273 RB　BWP2:51 RB。

（2）判决 PDCCH 资源是否充足

NR 小区 PDCCH CCE 利用率用来判断当前 CCE 忙闲程度，确认 PDCCH 资源是否充足，如果 PDCCH 资源不足，或 PDCCH 利用率过高，则需要及时扩容 PDCCH 资源。

NR 系统中定义了 PDCCH 可以使用（1、2、4、8、16）个连续的 CCE，其中使用的 CCE 个数又称为聚焦级别。DCI 载荷越大，对应的 PDCCH 的聚焦级别就越大。为了保证 PDCCH 的传输质量，无线信道质量越差，所需要的 PDCCH 的聚焦级别也会越大。PDCCH 使用越多的 CCE，即聚焦级别越高则解调性能越好，但是同时也可能导致资源浪费。gNodeB 根据信道质量等因素来确定某个 PDCCH 使用的聚焦级别。例如，对小区边缘的 UE 应该使用 CCE 聚焦级别较大的 PDCCH 格式，以资源换取解调性能；对小区中心的 UE 可以使用 CCE 聚焦级别较小的 PDCCH 格式，节省时频资源。

（3）BWP2 终端不能及时得到调度的根因分析

如果 PDCCH 资源充足，则检查 VoNR 丢包率，即 5QI=1 的上行丢包率，以及上行 CCE 分配失败比例，如果 VoNR 丢包率及上行 CCE 分配失败比例都正常，则可以初步得到结论：终端驻留 BWP2 时由于 BWP0 传输的系统消息调度优先级高，使得 BWP2 的终端不能及时得到调度，导致 VoNR 丢包。

PDCCH CCE 利用率来判断当前 CCE 忙闲程度，如 PDCCH CCE 利用率低于一个门限 $T0$（假设为 15%），证明该小区 PDCCH 资源充足。小区 PDCCH CCE 利用率与上行 CCE 分配失败比例见表 6-4。

表 6-4　NR 小区 PDCCH CCE 利用率与上行 CCE 分配失败比例

小 区 名 称	PDCCH CCE 利用率	上行 CCE 分配失败比例
A2_XH（NSA）HRD_H-3	20.3738%	28.431%
A2_XH（NSA）HRD_H-2	9.577%	17.0204%
A2_XH（NSA）HRD_H-1	12.6101%	20.7887%
A2_XD（NSA）HRD_H-3	9.062%	17.6119%
A2_XD（NSA）HRD_H-2	16.1886%	21.8922%
A2_XD（NSA）HRD_H-1	17.4481%	22.0902%

通过 VoNR 上行丢包率，即 5QI=1 的上行丢包率结合上行 CCE 分配失败比例判决终端驻留 BWP2 时导致 VoNR 丢包的根因。

结合表 6-3 与表 6-4，可发现 NR 小区：A2_XH（NSA）HRD_H-1，PDCCH CCE 利用率低于 $T0$ 门限，表明 PDCCH 资源充足，但是 5QI=1 的上行丢包率较高。

5QI=1 的上行丢包率可能会由上行干扰、弱覆盖导致，但是，结合上行 CCE 分配失败比例来看，发现该小区的上行 CCE 分配失败比例超过 $T1$ 门限（假设为 15%）。

因此，可判断出，该小区 PDCCH 资源充足，但是终端在 BWP2 期间发起 VoNR 业务，由于 BWP0 配置的 48RB 在频域与 BWP2 重叠，BWP2 的 51 个 RB 对应 8 个 CCE，按照平均 PDCCH 上行 DCI 聚焦级别为 4 计算，相当于只能调度 2 个用户。

当接入用户突然增加而带来系统消息大量增加，系统消息的调度优先级比 VoNR 高，导致 VoNR 用户在 BWP2 得不到调度引起 RTP 弃包。

在指标中可反映出：PDCCH 资源充足，但是 BWP0 在频域与 BWP2 重叠，系统消息的调度优先级高于 VoNR 业务，导致 VoNR 业务不能得到及时调度。反映在指标统计上，即：上行 CCE 分配失败比例高，最终导致 VoNR 上行丢包率高，引起 VoNR 通话质量下降。

（4）当前 BWP 设置核查

一般来说，目前的默认设置是 BWP0:48 RB　BWP1:273 RB　BWP2:51RB，如图 6-13 所示。

需注意的是，目前 BWP0、BWP2 都需要包含 SSB，（Synchronization Signal and PBCH Block，同步信号和 PBCH 块），它由主同步信号（Primary Synchronization Signals，PSS）、辅同步信号（Secondary Synchronization Signals，SSS）、物理广播信道（Physical Broadcast Channel，PBCH）三部分共同组成。

PSS 主同步信号，用于 UE 进行下行同步，包括帧同步和符号同步。

SSS 获取小区 ID（即 PCI：物理小区 ID，NR 共支持 1008 个 PCI）。

PBCH 用于小区同步信号的 RSRP/RSRQ/SINR 测量，同时承载了 MIB 消息内容。NR 协议支持 PSS/SSS 的频域位置灵活配置；但当前版本只支持 PSS/SSS 的频域位置位于整个频带的中心位置。一个 SS/PBCH 频域上有 240 个子载波，即 20 个 RB，位于频带中心。

（5）BWP0 频域偏置优化

对 BWP0 进行频域偏置，在保证 SSB 块对齐的基础上，将 BWP0 与 BWP2 尽量错开频域资源，并逐步增大 BWP0 带宽。

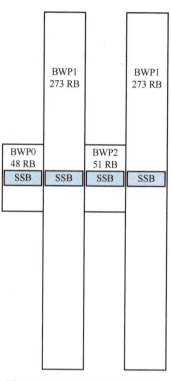

图 6-13　NR 小区的 BWP 设置情况

由上述分析可知：NR 小区 A2_XH（NSA）HRD_H-1，PDCCH 资源充足，但是终端在 BWP2 期间发起 VoNR 业务，由于 BWP0 配置的 48RB 在频域与 BWP2 重叠，BWP2 的 51 个 RB 对应 8 个 CCE，当接入用户突然增加而带来的系统消息大量增加时，系统消息的调度优先级比 VoNR 高，导致 VoNR 用户在 BWP2 得不到调度引起 RTP 弃包。

BWP0 的频域资源与 BWP2 错开，相当于 BWP0 与 BWP2 在不同的频域资源调度 PDCCH，可缓解 VoNR 在 BWP2 得不到调度而引起 RTP 丢包的情况，进而改善 VoNR 上行丢包率。

对 BWP0 进行偏置，与 BWP2 尽量错开频域资源，并逐步增大 BWP0 带宽，如图 6-14 所示，将 BWP0 扩展至 96 个 RB，向下包含 SSB 的同时，向上扩展，RB 序号可设置为 RB50 ～ RB146。

重复执行上述步骤，采集 5QI=1 的上行丢包率、上行 CCE 分配失败比例指标，对比修改前后的指标值，如果 5QI=1 的上行丢包率，即 VoNR 丢包率仍未有效改善，则进一步增大 BWP0 带宽，进一步规避 BWP0 与 BWP2 的频域重合程度，避免影响 VoNR 用户在 BWP2 的调度。

如图 6-15 所示，将 BWP0 扩展至 150 个 RB，向下包含 SSB 的同时，向上扩展，RB 序号可设置为 RB0 ～ RB149。

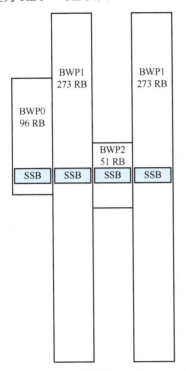

图 6-14　对 BWP0 进行偏置，与 BWP2 尽量错开频域资源，并逐步增大 BWP0 带宽

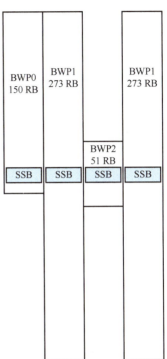

图 6-15　进一步增大 BWP0 带宽

如 VoNR 丢包率仍未有效改善，则进一步增大 BWP0 带宽至全带宽，即 273RB，扩展 BWP0 的 PDCCH 资源，避免影响 VoNR 用户在 BWP2 的调度。

4. 小结

5G 网络面向低时延小包业务的节能策略，可以有效规避 VoNR、游戏类小数据包业务终端切换（如 BWP2）后可能出现的感知变差的问题。

避免因为 VoNR 业务关闭 BWP2 节电策略，NR 网络中 BWP 节能策略主要是通过执行 BWP2，减少终端的使用带宽，从而获得更长的续航时长；如果关闭 BWP2，就意味着关闭 NR 网络的 BWP 节能策略，是不可取的。

避免 VoNR 通话过程中触发由 BWP2 向 BWP1 的切换，影响接续时延和接通率；当终端驻留在 NR 小区时，如果不传送较大的数据包，大概率是驻留在 BWP2 带宽中，即已完成从 BWP1 向 BWP2 的切换；如果此时发起语音通话 VoNR 业务，将面临从 BWP2 切换至 BWP1，然后再发起 VoNR 业务，必然导致 VoNR 的时延变长，甚至影响 VoNR 接通率。

目前 BWP0 配置的 48 个 RB 在频域与 BWP2 配置的 51 个 RB 在频域重叠，对 BWP0 进行偏置，与 BWP2 尽量错开频域资源，并逐步增大 BWP0 带宽，可有效规避 BWP0 的系统消息占用过多的与 BWP2 相同频域的 RB 资源，提升 VoNR 业务在 BWP2 的调度次数，且同时保持终端的节能效果。

6.2.3　5G 网络弱覆盖场景接入用户的 BWP 节能方法

1. 背景分析

5G 终端在弱覆盖场景接入时，由于信号质量差会引发 UE 的调制编码方式（Modulation and Coding Scheme，MCS）降阶，下行 RLC 吞吐率降低，更易满足 BWP1 向 BWP2 的切换预设条件，从 BWP1 切换至 BWP2，由于 BWP2 是窄带宽，无法给 5G 终端提供足够的无线资源。

如果 5G 终端在弱覆盖场景接入 5G 网络，且已从 BWP1 切换至 BWP2，由于信号质量差、下行 RLC 吞吐率低，引发大量缓存无法及时发出，进而触发 BWP2 向 BWP1 的切换，这会导致 BWP1 和 BWP2 之间的频繁切换。

如果 5G 终端在弱覆盖场景接入 5G 网络，且已从 BWP1 切换至 BWP2，由于终端处于弱覆盖，可能无法正常解析下行的 DCI，导致网络侧的 BWP 和终端侧 BWP 状态不一致，进而引发掉线问题。

目前，网络优化工作中并未涉及基于弱覆盖场景接入用户的 BWP 节能方法。

2. BWP 切换定义

专用 BWP 的上行 BWP 和下行 BWP 需分别配置，BWP 是成对使用的，即终端上行和下行同时使用全带宽 BWP1 或窄带宽 BWP2。

以 NR TDD 100MHz，且子载波为 30kHz 为例，BWP2 支持的最大 RB 数，取值为"RB64"，即对应上下行 BWP2 带宽为 23MHz；BWP2 支持的最大 RB 数，取值为"RB51"，即对应上下行 BWP2 带宽为 20MHz。

BWP 切换是指 RRC 连接态的行为，终端配置 2 个专用 BWP，当满足切换条件时，基站和终端同时进行全带宽 BWP1 和窄带宽 BWP2 间切换。

基站 gNodeB 通过 PDCCH DCI（Downlink Control Information）来指示终端进行 2 个专用 BWP 间的切换。PDCCH DCI 指示中 DCI 0_1（上行）或 DCI 1_1（下行）包含字段 "Bandwidth part indicator"，用以指示终端进行全带宽 BWP1 和窄带宽 BWP2 之间的切换。

全带宽 BWP1 和窄带宽 BWP2 间的切换机制如下。

（1）全带宽 BWP1 切换到窄带宽 BWP2

基站以 $T0$ 为周期进行判断。当同时满足如下条件时，基站和终端进行全带宽 BWP1 到窄带宽 BWP2 的切换。

1）当用户下行 RLC 吞吐率同时小于设置的门限 $N1$ 和基于无线信道质量计算出的下行吞吐率时。

2）当用户上行 RLC 吞吐率同时小于设置的门限 $N2$ 和基于无线信道质量计算出的上行吞吐率时。

（2）窄带宽 BWP2 切换到全带宽 BWP1

基站基于终端能否在系统设定的周期 $T1$ 内将上行或下行数据量全部传输完进行判断。

当终端无法在周期 $T2$ 内将上行或下行数据量传输完时，基站和终端进行窄带宽 BWP2 到全带宽 BWP1 的切换。

3. 5G 网络弱覆盖场景接入用户的 BWP 节能方法

（1）判决终端是否处于弱覆盖场景

通过 5G 终端接入网络时的 RRC 连接请求携带的 DM-RS 参考信号来判决终端是否处

于弱覆盖场景。如果 5G 终端接入 5G 网络时，基站侧 gNodeB 检测到 PUSCH 信道的解调参考信号，即 RRC 连接请求携带的 DM-RS RSRP<$N3$，则判决该终端处于弱覆盖场景。

DM-RS 解调参考信号（Demodulation Reference Signal，DM-RS）在相关信道的部分时频资源上发送解调信号，用于对该信道数据的解调。

5G 终端的 RRC 连接请求是通过 PUSCH 信道发送的，因此，基站侧 gNodeB 检测到 PUSCH 信道的解调参考信号，即 RRC 连接请求携带的 DM-RS 参考信号，判决该终端是否处于弱覆盖场景。

RRC 连接请求，即 MSG3（消息 3），相应的 MSG 举例如下。

1）MSG1- 终端发起随机接入请求，使用 PRACH 信道。

2）MSG2-RAR，基站对终端的随机接入请求给予回应，通过下行信道 PDCCH、PDSCH 下发给终端。

3）MSG3-PUSCH，终端向基站发送 RRC 接入请求，占用 PUSCH 信道。

4）MSG4-PDCCH with UL Grant，基站对终端的接入请求给予确认，占用下行 PDCCH 信道。

5）MSG5-PUSCH，终端请求接入结束，占用上行 PUSCH 信道。

可设置 $N3$ 为 −110dBm，5G 基站侧 gNodeB 检测到 PUSCH 信道的解调参考信号，即 RRC 连接请求携带的 DM-RS RSRP 低于 $N3$ 门限，判决该终端处于弱覆盖场景。

（2）标注处于弱覆盖场景的 5G 终端

如果用户处于非弱覆盖场景则正常接入，如果确认用户处于 5G 弱覆盖场景，则对该 5G 终端进行标注，指示 PDCCH DCI 不携带 BWP1 向 BWP2 切换的指令，启动一个预设定时器 $T3$。

如果用户处于 5G 非弱覆盖场景，则指示该用户正常接入。

如果确认用户处于 5G 弱覆盖场景，即：5G 基站侧 gNodeB 检测到 PUSCH 信道的解调参考信号，也就是 RRC 连接请求携带的 DM-RS RSRP 低于 $N3$ 门限。

则对该 5G 终端进行标注，指示 PDCCH DCI 不携带 BWP1 向 BWP2 切换的指令，即指示该 5G 终端不开启 BWP 节能特性，不触发 BWP1 向 BWP2 的切换。

BWP1 与 BWP2 之间的切换是通过 PDCCH 携带的 DCI 来通知 5G 用户；在 RRC 接入阶段，5G 基站 gNodeB 检测到该 5G 终端处于弱覆盖场景，就在业务信道建立后（RRC 重配后）的 PDCCH 调度的 DCI 制式中，指示 PDCCH DCI 不携带 BWP1 向 BWP2 切换的指令，即指示该 5G 终端不开启 BWP 节能特性，不触发 BWP1 向 BWP2 的切换，并启动预设定时器 $T3$。

（3）检测该终端是否仍处于弱覆盖场景

定时器 $T3$ 超时后，对于 TDD NR 网络，gNodeB 检测 5G 终端上报的 SRS 信号电平 RSRP 值，检测该终端是否仍处于弱覆盖场景；对于 FDD NR 网络，gNodeB 给此类 5G 终端下发 A1 测量事件，要求 5G 终端上报检测到的 FDD NR 下行 PDSCH 的 RSRP 电平值。

定时器 $T3$ 超时后，由于 5G 终端已接入 5G 网络，因此需在连接态下判决 5G 终端是否仍处于弱覆盖场景。对于 TDD NR 网络，gNodeB 检测 5G 终端上报的 SRS 信号电平 RSRP 值，判断该终端是否仍处于弱覆盖场景。

如果 5G 终端上报的 SRS 信号电平 RSRP 值低于 $N4$ 门限，则判决该终端处于弱覆盖场景。

可设置 N4=N3，如，N4=-110dBm，也可根据实际情况设置不同的门限值。

SRS 的时域位置配置与周期阐述如下：

以子载波 30kHz、下行与上行子帧配比 4∶1 为例，特殊子帧配比为 6∶4∶4，TDD NR 网络的 SRS 配置在特殊子帧的上行时隙，SRS 符号可按特殊子帧的上行时隙配置为 1/2/4。

SRS 符号在时域的位置如图 6-16 所示，时域为一个无线帧，下行与上行子帧配比为 4∶1。

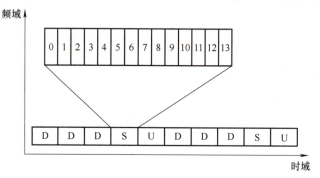

图 6-16　TDD NR 网络 SRS 符号所占时域位置

特殊子帧配比为 6∶4∶4，共 14 个符号，分别为：下行 6 个符号（符号 0～5）、保护间隔为 4 个符号（符号 6～9）、上行 4 个符号（符号 10～13），SRS 可配置在特殊子帧的上行 4 个符号中，即符号 10～13。

SRS 周期为 5 时隙、10 时隙～640 时隙，对应的周期为 2.5ms、5～320ms。

注：LTE 网络 1 个无线帧为 10ms，1 个子帧 1ms，1 个子帧包括 2 个时隙，每个时隙 0.5ms，共有 7 个符号，子载波带宽为 15kHz。

NR 网络 1 个无线帧为 10ms，1 个子帧 1ms，1 个子帧包括 2 个时隙，每个时隙 0.5ms，共有 14 个符号，子载波带宽为 30kHz。

（4）NR FDD 网络终端弱覆盖的判决依据

在 FDD NR 网络，不使用 SRS 信号电平作为终端所处位置的弱覆盖判决依据。FDD NR SRS 的时频域位置如图 6-17 所示，SRS 周期为 5ms，时域位置为每帧的 Slot 0 和 Slot 5 的最后一个符号，频域位置占满整个带宽；但是，由于 FDD NR 网络上行与下行频率不同，上行信号不能对下行信号进行准确估计，因此，在 FDD NR 网络，不能使用 SRS 信号电平作为终端所处位置的弱覆盖判决依据。

定时器 T3 超时后，对于 FDD NR 网络，5G 基站 gNodeB 给此类 5G 终端下发 A1 测量事件，要求 5G 终端上报检测到的 FDD NR 下行 SSB 的 RSRP 电平值。

FDD NR 网络中，定时器 T3 超时后，在步骤（2）判定为处于弱覆盖场景的 5G 终端，

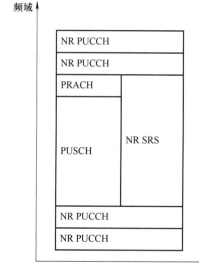

图 6-17　FDD NR 网络 SRS 符号所占时频域位置

5G 基站 gNodeB 对此类终端下发 A1 测量事件，要求终端周期性上报 A1 的测量报告，周期可以根据需要由基站配置。

A1 事件，即：服务小区 SSB RSRP 电平值高于一个绝对门限，设置此门限为 $N5$。服务小区的 SSB 参考信号接收功率是反映服务小区覆盖性能的主要指标，单位是 dBm。可设置 $N5=N4=N3$，如，$N5=-110$dBm，也可根据实际情况设置不同的门限值。

如果 5G 终端上报的 A1 事件中 SSB RSRP 低于 $N5$ 门限，则判决该终端处于弱覆盖场景；如果 5G 终端上报的 A1 事件中 SSB RSRP 高于 $N5$ 门限，则判决该终端处于非弱覆盖场景。

（5）对不再处于弱覆盖场景的 5G 终端启动 BWP 策略

如果确认该 5G 终端已不再处于弱覆盖场景，则取消对该 5G 终端 PDCCH DCI 不携带 BWP1 向 BWP2 切换的指令。

NR TDD 网络中处于弱覆盖场景的 5G 终端，如果 5G 终端上报的 SRS 信号电平 RSRP 值高于 $N4$ 门限，则判决该终端处于非弱覆盖场景。

取消对该 5G 终端 PDCCH DCI 不携带 BWP1 向 BWP2 切换的指令，即该 5G 终端可以正常切换至 BWP2，开启节能特性。

NR FDD 网络中处于弱覆盖场景的 5G 终端，如果 5G 终端上报的 A1 事件中 SSB RSRP 高于 $N5$ 门限，则判决该终端处于非弱覆盖场景。

取消对该 5G 终端 PDCCH DCI 不携带 BWP1 向 BWP2 切换的指令，即该 5G 终端可以正常切换至 BWP2，开启节能特性。

4．小结

实施 5G 网络弱覆盖场景接入用户的 BWP 节能方法，可避免处于弱覆盖场景的 5G 终端，接入 5G 网络后从 BWP1 快速切换至 BWP2，弱覆盖场景会导致 5G 终端的调制编码方式降阶，下行 RLC 吞吐率降低，更易满足 BWP1 向 BWP2 的切换预设条件，从 BWP1 切换至 BWP2，由于 BWP2 是窄带宽，因此无法给 5G 终端提供足够的无线资源。

可避免引起 5G 终端的 BWP1 和 BWP2 之间的频繁切换，如果 5G 终端已切换至 BWP2，由于信号质量差、下行 RLC 吞吐率低，引发大量缓存无法及时发出，进而触发 BWP2 向 BWP1 的切换，会导致 BWP1 和 BWP2 之间的频繁切换。

可避免如果 5G 终端在弱覆盖场景接入 5G 网络，且已切换至 BWP2 后，由于终端处于弱覆盖，可能无法正常解析下行的 DCI，导致网络侧的 BWP 和终端侧 BWP 状态不一致，进而引发掉线问题。

第 7 章

5G-A 通感一体网络部署

5G-A 通感一体网络是指通信网络、感知网络为同一张网络。在具备目前 5G 通信能力的基础上，兼顾具有目标定位（测距、测速、测角）、目标成像、目标检测、目标跟踪和目标识别等能力的感知系统。目前，通信业务流程呈现出与感知业务高度耦合的特征：一是感知环节与通信环节在时空域交叠；二是感知功能与通信功能相互影响；三是通信能力与感知能力具有一致的大带宽频谱和大孔径天线的需求。

无线通信频段向毫米波、太赫兹和可见光等更高频段发展，与传统感知频段将产生越来越多的重叠，此外，无线通信与无线感知在系统设计、信号处理与数据处理等方面呈现高度相似性。利用同一套设备实现通信与感知，降低设备成本、体积和功耗，可有效节省投资，提升频谱效率。

以感知为基础的通感一体化设计，考虑目标的参数估计精度、检测、识别概率等。无线感知目标检测是指对接收机输出的由目标回波信号、噪声和其他干扰组成的混合信号进行特定的信号处理和门限判决，以规定的检测概率（通常比较高）发现未知目标的回波信号，而噪声和其他干扰则以低概率产生随机虚警（通常以一定的虚警概率为条件）。无线感知的检测概率和虚警概率是衡量目标检测性能的两个常用指标。

通感一体化基站，在发送通信数据时，需要同时检测自身发射信号打在目标上的回波信号，从而实现无线感知的功能。因此，对于收发一体的通感一体化节点来说，自干扰消除是其同时实现通信感知的关键技术，相比全双工通信技术，通感一体化基站的自干扰消除会更加挑战。在全双工通信中，接收链路中得到的所有的自己发送信号的成分都属于自干扰，其中包括既发射天线直接泄露到接收天线的成分，也包括环境或者目标物体发射的成分。而在通信感知一体化节点中，发射天线直接泄露到接收天线的成分是自干扰，而环境或者目标反射的成分是有用信号而不是自干扰。当感知节点之间互干扰较大时，需进行干扰抑制与消除。

通感一体化应用目前以低空场景为主，新建面向低空空域的专网投资效益比差，低空空域覆盖需要尽量使用地面的 5G 资源，同时，也不能对地面的覆盖性能造成影响。

对于 sub-6GHz 的低频频谱来说，中国移动可使用 4.9GHz 频段作为低空网络的主承载网，2.6GHz 作为地面网络的主承载网。中国电信 / 中国联通目前的 5G 频段主要是 3.5GHz，需要地面网络兼顾低空空域的覆盖。

从通感一体网络空口帧结构来看，以 4.9GHz 为例，需采用下行：上行 =7：3 的双周期时隙结构，为了尽量规避干扰，涉及"感"的部分占用时隙 0 与时隙 5 的前 7 个符号，面向低空场景，采用 4P3C 的结构，即：4 个脉冲波，3 个连续波。以目前 5G 网络影响覆盖性能非常关键的 SSB 波束配置情况来看，本身 4.9GHz 频段采用 7：3 双周期时隙结构后，只能配置最大 7 个 SSB 波束，时隙 0 分配给"感"后，只能配置最大 5 个 SSB 波束，对于覆盖性能是有一定影响的。

低空网络的业务模式以上行大带宽为主，这个业务特征与地面的业务模式有较大差别。NR TDD 网络本身的上行能力较弱，如果地面 5G 网络需要兼顾低空空域覆盖，而且是上行大带宽的业务模式，将会对地面 5G 网络造成一定的影响，需要网络优化工程师认真细致地优化调整。

7.1 通感一体关键技术

7.1.1 通感一体频谱分析

随着移动通信系统的工作频率逐渐增高，5G 网络中大规模天线得到广泛的应用，移动通信系统与雷达系统在频谱应用、MIMO 传输、数字和模拟波束赋形技术方案上有很大相似性，而 5G 的大规模天线和相控阵雷达在设备形态上也具有趋同性，通信与感知的融合被认为是 5G-A 的一个重要的技术演进方向。

已经规模商用的 5G 移动通信网络的射频频谱范围是在 6GHz 以下，毫米波频段也会在5G-A 网络中逐渐得到更加广泛的应用，6G 的频谱会进一步扩展到太赫兹频段，见表 7-1。5G-A 频点类型传播特征，与雷达频点的传播特征相似，5G-A 带宽 ≥ 100MHz，超大带宽使感知距离精度达米级。

表 7-1 雷达频谱与 5G-A 频谱

雷达 Band	雷达频谱范围	5G-A 频谱范围	频 点 类 型
S	2300 ~ 2500MHz	2515 ~ 2675MHz	分米波
	2700 ~ 3700MHz	3400 ~ 3600MHz	
C	5250 ~ 5925MHz	4800 ~ 4900MHz	厘米波
K	24.05 ~ 24.25GHz	24.25 ~ 27.5GHz	
Ka	33.4 ~ 36GHz	37 ~ 40GHz	毫米波

考虑到不同频段的无线电磁波传播特性的差异性、频谱带宽的可获得性，以及设备实现的规格和设备形态的差异等，基于不同频段进行无线感知的能力也会存在差异，进而可获得的感知性能以及可达到的业务能力也是不同的。

通信系统与感知系统几类典型的频段范围，如下所述。

1. 传统低频段

Sub-6GHz 频段目前是 4G/5G 商用网络的主力频段，典型带宽是 20 ~ 100MHz。由于频段低，无线传播路径损耗小，覆盖距离远，主要用于宏蜂窝室外覆盖。由于可用工作带宽的限制，时间分辨率不高，目标定位和测距精度仅能达到 1 ~ 10m 量级。可以满足一般精度的目标感知和定位业务的需求，但无法支持高精度定位和目标探测的需求。

2. 毫米波频段

毫米波频段射频工作带宽大，距离分辨高，可以实现厘米级别目标定位。由于毫米波频段设备都是基于相控天线阵方式实现模拟波束赋形方式的，可以形成很窄的空间波束，所以也具有很好的空间角度分辨率。因此相比低频段，毫米波可实现更高精度定位、高精度目标检测和跟踪以及 3D/4D 成像。毫米波频段由于波长短，被感知物体的微小动作可引起信道状态信息的相位变化，因此毫米波频段可支持如手势识别、姿态识别等人机交互的用例，也可实现呼吸、心跳检测等人体特征细微变化类的用例。另外，相比低频段，毫米波频段对多普勒偏移的感知能力更强，因此更适合应用在高速移动场景下的目标跟踪和运动速度测量，如无人机追踪和智能交通中的车速测量等。

3. 太赫兹频段

太赫兹频段（0.1 ～ 10THz）相比毫米波频段有更大的带宽和更小的波长，比较适合于高精度的中近距离的通信感知场景，且小波长的特征使得可以在很小的设备尺寸内集成足够多的天线，因此非常适合小型化的通感一体化设备，易安装易携带。从感知角度，太赫兹带宽足够大，天线数足够多，可实现近距离场景下的超高精度定位和成像应用，且由于太赫兹对许多介电材料和非极性物质具有良好的穿透性，因此太赫兹频段也具有良好的穿透成像、材料探测、物品缺陷检测等能力。另外，许多有机分子的振动和旋转频率在太赫兹波频段，可利用太赫兹识别分子结构并分析物质成分，且具有指纹般的唯一性。

4. 光无线频段

光无线频段包含可见光、红外等（主要指 350 ～ 2000nm 波段）可用的频带宽度极宽，因此可以实现超高速的通信和超高精度的感知。目前光无线频段的发射器件已经可以实现较高功率的输出，且发光和探测器件的尺寸更小，可以高密度集成，适合便携终端等场景。此外，由于可见光照明设施广泛存在，因此部署起来也非常便捷。

7.1.2　通感一体技术框架

1. 通感一体网络架构

通感一体网络包含无线网、核心网、业务平台三部分组成的通感一体网络，网络涉及两个新定义的网元：感知功能单元 SF 及业务平台 AF。此外，网络需新建通感一体基站 AAU、两级架构 BBU，其中 AAU 为超广角收发隔离 AAU，两级架构 BBU 为：Master BBU 和 Slave BBU，Master BBU 中插入智能通用融合板，实现站间融合去重，Slave BBU 中插入感知板完成感知数据处理。

2. SF（Sensing Function）

为实现感知功能在 5G 网络中的部署，引入新的功能网元 SF。

控制面：SF 与感知基站具备直连控制面接口，配合 OMC，可敏捷快速进行感知启停。

用户面：SF 就近基站部署，业务感知时延低，SF 与基站可高效协同进行关联。

可根据业务场景和用户需求，再进一步考虑 SF 与 UDM/PCF 等核心网元的连接，可实现高安全、低时延、易部署。SF 就近感知网元（基站）部署，满足数据不出场安全隐私，满足低时延需求（业务感知时延 10 ～ 20ms）。

3. 两级 BBU 架构

在感知目标跨站移动场景下，同一感知目标可能会被多个感知小区检测到，需要轨迹关联及身份跟踪管理。感知需解决多站联合轨迹去重问题，设计两级 BBU 架构，Master BBU 配置智能融合卡支持 N 个 Slave BBU 感知数据去重，达到资源共享的效果，如图 7-1 所示。

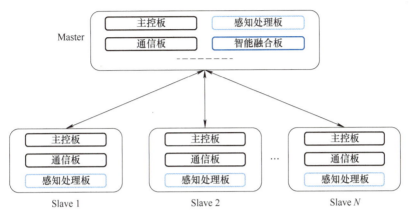

图 7-1　通感一体网络两级 BBU 架构

基于 Master BBU 的本地化感知网络架构，感知基站需实现单小区对感知目标的身份识别管理，及感知目标在多小区移动时的轨迹关联和去重。Master BBU 实现小区间联合去重功能，Master BBU 间协同去重功能等；Slave BBU 负责感知信号处理、感知数据（目标标识、结果上报）处理、感知控制功能等。

两级 BBU 架构实现集中式关联、去重等感知目标管理方案，包括以下几点。

目标识别：支持目标 ID 标识、类型识别和轨迹跟踪，包括单小区目标身份标记和上报、多目标检测和标识。

关联去重：Master BBU 支持感知数据融合、身份和轨迹的关联和去重，包括将多小区 / 跨站感知的目标轨迹数据进行身份关联，判断是否为相同目标，进行去重和数据融合上报。

结果上报：Master BBU 将各小区 / 站点的基站级识别结果统一上报给 SF，锁定目标在该 SF 下的唯一 ID，完成感知结果上报。

两级 BBU 架构可支持多目标感知、身份管理、轨迹关联去重等功能。

4. 不同场景的多维指标

面向低空、水域、桥梁微形变等多类场景，从多维度指标分别量化需求。

场景 1　低空泛探及航线：无人机入侵监测及航线保护，典型特征是目标小、漏检虚警要求高。

感知目标 RCS：$0.01 \sim 2\text{m}^2$。

单站感知覆盖距离：$10 \sim 1200\text{m}$。

速度范围：$5 \sim 100\text{km/h}$。

刷新率：1s。

置信度 95%；漏检 5%；虚警 5%。

位置精度：水平精度 $\leqslant 20\text{m}$，水平距离不超过 1200m；垂直精度 $\leqslant 10\text{m}$，垂直距离不超过 600m。

距离分辨率：10m。

场景2 地空一体感知：机场和边境监管，兼顾地面和低空目标。

感知目标RCS：低空 $0.01 \sim 2m^2$，地面 $1 \sim 20m^2$。

单站感知覆盖距离：$10 \sim 1000m$。

刷新率：1.5s。

置信度95%；地面漏检10%；虚警10%。

角度分辨率：$\leqslant 7°$。

场景3 水域超远泛探，海事部门走私船只监管，典型特征是目标大、覆盖距离要求高。

感知目标RCS：$4 \sim 40m^2$。

单站感知覆盖距离：$\leqslant 20km$。

业务时延：$\leqslant 1000ms$。

置信度95%；漏检10%；虚警10%。

距离分辨率（径向）：近岸25m，近海75m。

场景4 水域航道感知，河道船只管理及保护，典型特征是目标大、覆盖距离要求高。

感知目标RCS：$4 \sim 10m^2$。

单站感知覆盖距离：2km。

业务时延：$\leqslant 1000ms$。

刷新率：1.5s。

置信度95%；漏检10%；虚警10%。

位置精度：30m。

距离分辨率（径向）：25m（径向）。

场景5 桥梁微形变监测，典型特征是精度要求高、远距离及恶劣天气。

单站感知覆盖距离：1000m。

业务时延：$\leqslant 1000ms$。

刷新率：1s。

置信度95%。

形变精度：$0.1 \sim 1mm$，参考地基微形变雷达指标。

感知在发射和接收信号处理流程上存在较大差异，感知发射处理相对简单总体性能取决于接收处理方案，包含距离R谱、速度V谱和角度估计，最终解算为目标位置和速度信息。

7.1.3 通感一体空口关键技术

1. 通感一体空口帧结构

通感一体化的核心在于对于低空物体的定位技术，主要要实时获取低空物体的距离、速度、目标角度。

目标距离的感知主要是通过测量发射信号和目标回波之间的时间差来实现的。

目标速度的感知主要是利用目标运动产生的多普勒效应，通过测量目标回波信号的多普勒频移来推导目标速度。

目标角度的感知主要通过天线交叠多波束工作，根据不同波束输出目标的反射回波间的强度差，就可以来测定目标角度了。

雷达系统的常见波形有脉冲波与连续波这两种方式。

脉冲波是周期性发送的矩形脉冲，接收在发射的间歇进行，发射的时候是无法接收的。如果目标距离比较近，反射回波到达天线时，信号发射还没有结束，自然无法接收信号并进行目标检测，因此说脉冲波存在感知盲区。

连续波发射的是连续的正弦波，可以发射和接收同步进行。如果信号不进行调制，就叫作单频连续波，主要用来测量目标的速度。

目前 5G 系统 OFDM 通信波形在自发自收时，无法满足低空、水域远距离覆盖要求。基于多种场景感知指标，融合通信和雷达两种波形技术优势，提出 OFDM 连续波 +LFM 脉冲波的混合波形设计，通过脉冲波实现远端覆盖，连续波弥补近端盲区，满足低空、水域等多场景感知需求，达成大站间距低成本连续覆盖。

（1）低空场景帧结构

以感知性能为前提，基于低干扰、低开销、高谱效以及对通信影响小的设计思路，面向低空及空地一体场景，设计通感深度融合混合波形 4P3C 帧结构，如图 7-2 所示，可有效规避大气波导干扰、支持感知符号灵活可配。

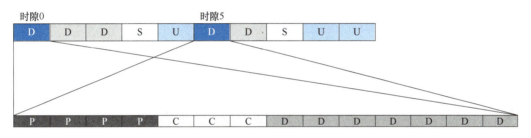

图 7-2　通感一体面向低空的空口帧结构

4P3C 帧结构，其中脉冲波在一个符号中进一步分成 3 份，每一份可包括：发射（T）、间隔（G）、接收（R），可规划给 3 个基站使用，如图 7-3 所示。

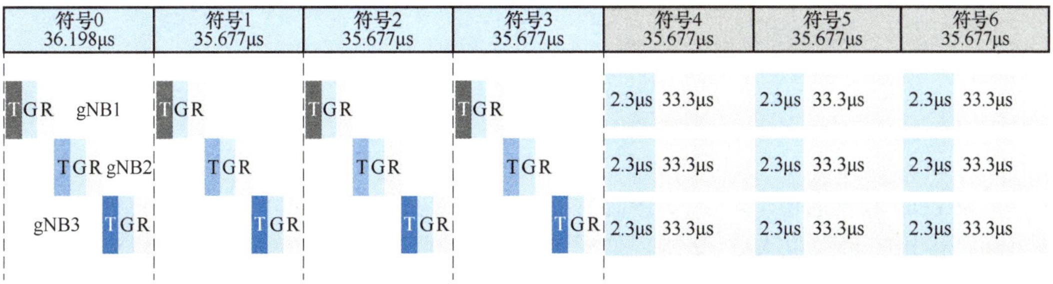

图 7-3　通感一体面向低空 4P3C 帧结构

面向低空场景的 4P3C 的帧结构有以下优势。

1）感知 slot 内的符号灵活可配，符号 7～符号 13 可按需灵活配置为感知或通信。

2）时隙 0 和时隙 5 前面是 S 和 U 时隙，可有效规避大气波导干扰。

3）帧结构设计无需通信对感知干扰的 GAP 开销，仅占下行总开销的 10%。

4）感知覆盖距离 1.2km 仅需 7 符号：4 符号脉冲波覆盖远端，3 符号连续波覆盖近端盲区。

（2）水域场景帧结构

水域场景沿用边界可扩展通感深度融合帧结构，仍在时隙 0 和时隙 5 的前 7 个符号发送感知信号，但考虑水域覆盖要求更大，创新提出适配江河航道 4P1C 和海面 1P1C 的帧结构，如图 7-4、图 7-5 所示。江河航道场景，连续波的 CP 长度更大，达到更大的覆盖距离。海面场景，脉冲波的接收窗更长，达到最大的脉冲覆盖距离。

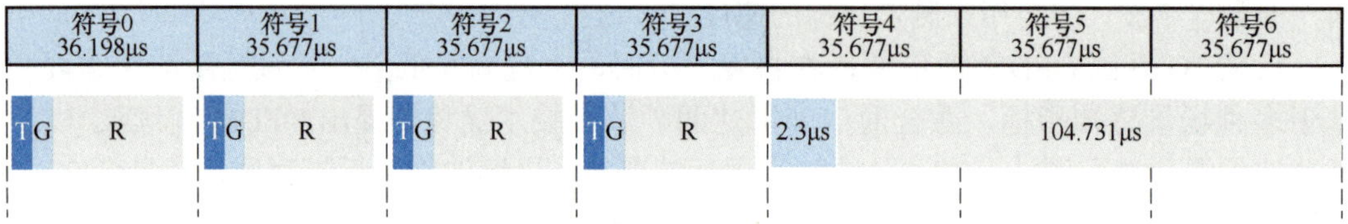

符号0 36.198μs
符号1 35.677μs
符号2 35.677μs
符号3 35.677μs
符号4 35.677μs
符号5 35.677μs
符号6 35.677μs
T G R
T G R
T G R
T G R
2.3μs
104.731μs

图 7-4 江河航道场景 4P1C 帧结构

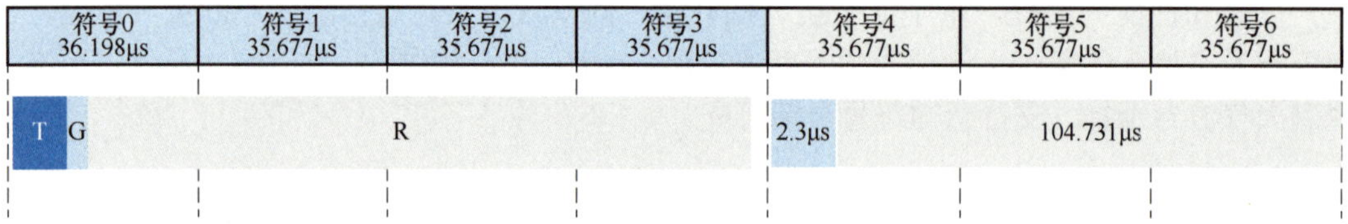

符号0 36.198μs
符号1 35.677μs
符号2 35.677μs
符号3 35.677μs
符号4 35.677μs
符号5 35.677μs
符号6 35.677μs
T G R
2.3μs
104.731μs

图 7-5 海面场景 1P1C 帧结构

2. 两级移相 AAU 架构

为兼顾地面及低空，以及通信与感知的覆盖性能，目前的天线在垂直方向需要达到超过 60° 的超宽扫描性能。

空域覆盖距离 1000m、高度 300m，连续扫描不漏警，需要至少 36° 扫描范围；地面覆盖距离 350m、高度 25m，对齐既有通信网络，需要至少 24° 扫描范围，如图 7-6 所示。

−36°
−16°
(H = 300m, L = 1000m)
0°
24°
6°
(H ≈ 25m, L ≈350m)

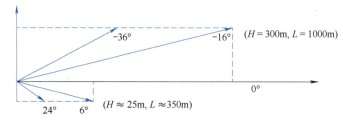

图 7-6 兼顾低空的大张角 AAU 需求

突破 TDD 收发通道 1∶1 对等传统 AAU 设计，提出 64TR+64R 非对称射频前端架构，基于两级移相的超广角 AAU 架构，如图 7-7 所示。可以看到 AAU 设计两级移相，1 驱 1 振子级相位调控，在垂直方向实现高达 60° 超广角。

感知时隙，分阵面工作，发射和接收之间足够隔离；通信时隙，全阵面工作，全通道、高增益、强性能。64TR+64R 的 AAU 架构设计弥合低通道、大天面之间的矛盾，仍然保持高隔离、广扫描等设计优势，在常规通信、连续波感知、脉冲波感知三种工作模式中灵活切换。

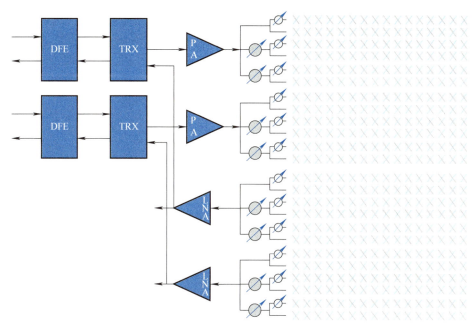

图 7-7　64TR+64R 两级移相超广角 AAU 架构

7.2　通感一体网络部署

通感一体网络面向低空、江河、近海等不同场景，目前仍面临业务模式不明确的困境。低空网络如果按照新建网络的模式，则投资效益差，需要尽量利用地面 5G 网络资源，本节重点讨论面向低空网络的部署方法。

7.2.1　面向低空航线的空域覆盖方法

现有地面基站为了保证地面覆盖性能，天线都设定一定的下倾角，天线的后瓣指向低空空域。从目前的低空网络空域测试情况来看，低空空域的无线信号繁多杂乱，重叠覆盖度高，同样的 RSRP 电平下无线信号的质量 SINR 值低于地面。另外，低空网络的业务需求量不明确，按照现有地面的网络规划方法对低空空域进行覆盖，投资收益比较低。

1. 现有低空网络覆盖方法

目前网联无人机的应用场景和通信需求主要聚焦于 300m 以下低空空域，现有的低空网络部署通信网络的技术方案是使用地面 5G 基站对低空空域进行覆盖。覆盖完成后，开展基于 5G 网络的低空覆盖测试，验证 5G 网络对于网联无人机通信需求的满足度。

现有地面 5G 基站主要使用 n41（2.6GHz）与 n79（4.9GHz）频段，地面 5G 基站主要是对地面 5G 用户进行覆盖。在低空场景，2.6GHz 网络的天线后瓣指向低空空域，低空空域的无线信号繁多杂乱，重叠覆盖度高，由此带来频繁切换、断链、邻区关系复杂等问题，且随着高度的增加，问题会进一步恶化，为此引入 4.9GHz 协同进行低空覆盖，在 2.6GHz 网络无法满足无人机低空飞行需求的高度，采用 4.9GHz 进行覆盖补充。

地面 5G 基站的 4.9GHz 与 2.6GHz 频段协同进行低空空域覆盖，2.6GHz 主要负责

150m 以下低空空域，2.6GHz 需配置 64T64R，要求在垂直维度有 4 波束覆盖，可提供一定高度的低空覆盖。4.9GHz 主要聚焦 150～300m 空域覆盖，不同覆盖高度需求可通过天线下倾角调节。地面 5G 基站的 4.9GHz 与 2.6GHz 频段协同进行低空空域覆盖示意图如图 7-8 所示。

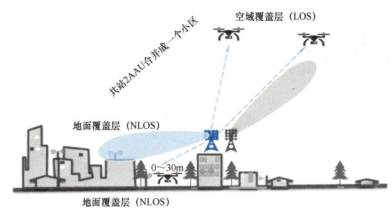

图 7-8　低空网络 4.9GHz 与 2.6GHz 协同覆盖示意图

　　低空网络不同应用场景的通信业务特征以及技术指标要求见表 7-2，可以发现不同的应用场景都对上行速率做了严格的要求，相应的下行速率反而低于上行速率。

表 7-2　低空网络不同应用场景的通信业务特征

应用场景	业务属性	上行速率 / (bit/s)	下行速率 / (bit/s)	业务端到端时延 / ms	控制端到端时延 / ms	定位 /m	飞行高度 / m	覆盖范围
无人机物流	自动飞行	200k	300k	<500	<100	<1	100	城区、城郊、农村
	基于高清视频的人工接管	25M		<200	<20	<0.5	100	
农业植保	喷洒农药	300k	300k	<500	<100	<0.5	10	农村
	农业土地勘测	20M		<200	<20	<0.1	200	
巡检、安防和救援	1080p	6M	300k	<500	<100	<1	100	巡检覆盖基础设施安防覆盖城市
	4k	25M		<200	<20	<0.5	100	
测绘	图像回传	6M	300k	<500	<100	<1	100	城市、农村
	激光测绘	100M		<200	<20	<0.1	200	
直播	4k	25M	600k	<500	<100	<0.5	100	城市、旅游景区
	8k	100M		<200	<20	<0.5	100	
无人机编队	控制	1M	1M		20	<0.1	<200	城市

　　注：数据来源：IMT-2020（5G）推进组 5G 无人机应用白皮书。

2．现有低空网络覆盖方法分析

现有低空网络空域的通信网络覆盖规划方法存在一定的不足，体现如下。

现有的低空网络空域的通信网络覆盖要求地面 5G 基站的 4.9GHz 与 2.6GHz 频段协同进行低空空域覆盖，且 2.6GHz 需在垂直维度配置 4 波束，目前地面 2.6GHz 基站为了保证地面的覆盖性能，现网较高比例的基站配置了水平 8 波束，不能满足低空网络要求的垂直 4 波束，因此，需要为低空空域新增一个 2.6GHz 的小区，加大投资成本。

现有的低空网络空域网络覆盖要求地面 5G 基站协同进行低空空域覆盖，但是并未明确低空网络航线信息，如果在较大范围部署低空网络，就需要给低空网络空域配置较多的 5G 基站或小区，而在低空经济初期阶段，业务需求量不明确，为低空网络空域配置过多的 5G 基站，必然导致低空网络涉及的 5G 基站利用率低，变相增大投资成本。

现有的低空网络空域网络覆盖要求地面 5G 基站协同进行低空空域覆盖，并未重视低空网络中客观存在的严重的重叠覆盖，以及由于重叠覆盖导致的底噪干扰抬升的问题，低空经济的大上行速率对上行链路要求超过地面基站，如果未根据业务类型以及不同的应用场景进行细致的链路预算，将会导致部分空域不能满足业务要求。

3．基于低空航线的空域覆盖方法

基于低空航线的空域覆盖方法，规划矢量化低空航线，判决地面基站对航线的覆盖性能，协同地面基站波束，筛选可满足业务要求的低空网络目标空域的有效地面基站波束，对不满足业务要求的目标空域，利用航线附近地面基站新增面向空域的波束，来实现目标航线的低空空域的覆盖性能达到要求。

（1）规划矢量化低空航线

明确低空航线信息，确定低空网络的目标覆盖空域，将低空航线进行矢量化。收集低空网络航线所使用的电子地图，依据电子地图软件提供的多种网络地图及编辑操作功能，进行低空航线线路矢量图及站点信息的创建，在低空航线线路列表中创建好线路名称，通过"网络地址定位"查询获取低空航线线路信息，通过低空航线线路信息新建、插入等方式创建低空航线线路信息，锁定低空航线线路的大体轮廓，依据网络地图工具通过手动新增或者插入的方式添加矢量点，绘制完成低空航线线路信息。

（2）采集低空航线周边的 5G 信息

收集低空航线沿线周边的地面 5G 基站，列入集合 $H1$，收集其工参数据，包括：ECGI、gNodeB_ID、经度、纬度、频点、PCI、小区名称等信息，以及该 5G 基站波束配置情况。

目前 5G 网络 TDD 系统支持的 AAU 天线固定权值波束方案，可按照实际覆盖场景类型选择其中一种权值配置可完成权值优化。目前 5G 网络 TDD sub 6GHz 系统，如 n41（2.6GHz）频段，小区 SSB 广播波束可支持最多配置 8 个 SSB，SSB 波束水平配置 8 波束，即 H8，对应 Default0、S1、S6 模式，主要面向水平方向的覆盖性能；SSB 波束垂直配置 8 波束，即 V8，对应 S5、S11、S16 模式，主要面向垂直方向的覆盖性能。

采集 5G 网络 TDD 小区的 AAU 天线参数，包括：天线水平半功率角、方位角、电子下倾角；SSB 波束参数，包括 SSB 波束编号、SSB 波束倾角、SSB 波束方位角、SSB 波束水平宽度、SSB 波束垂直宽度，见表 7-3。

（3）低空航线测试

使用遥控跟踪控制的无人机携带 5G 测试仪表对低空航线进行测试。测试仪表使用通信模组，集成 RTK 接口提升 GPS 立体定位精度，定位精度从 10m 级提升到厘米级。实时动态差分定位技术（Real-Time Kinematic，RTK），是一种高精度 GPS 定位技术。在无人机领域，RTK 技术通过基准站与机载 GPS 接收器进行实时差分，并对信息进行处理，从而实现无人机空域位置高精度定位。

表 7-3 AAU 天线参数及 SSB 波束相关参数

参 数 名 称	配 置 建 议
AAU 天线倾角	按照网络规划配置。配置为默认值 255 时，代表的倾角值为 6° 天线倾角 ＝ 本参数对应的倾角值 + 机械倾角
AAU 天线方位角	按照网络规划配置
SSB 最大功率偏置	建议在大站间距、SUL（Supplementary Uplink）等 PBCH 或 SS 功率受限场景配置需要的偏置值
SSB 波束编号 SSB_i	根据实际覆盖场景配置
SSB 波束倾角	根据实际覆盖场景配置
SSB 波束方位角	根据实际覆盖场景配置
SSB 波束水平宽度	根据实际覆盖场景配置
SSB 最大功率偏置	根据实际覆盖场景配置

测试过程中，无人机按照设置的低空航线高度进行飞行控制，无人机速度控制是根据 5G 覆盖性能测试产生连续的采样点轨迹图，无人机速度需要控制在 2m/s 以内。

筛选测试结果可满足下行速率及上行速率要求的低空航线区间，进一步筛选出对应的地面 5G 基站或小区，列入集合 $H2$。

（4）判决地面基站对低空航线的覆盖性能

将集合 $H2$ 的 5G 小区映射到对应的低空航线区间，在所选择的低空航线区间内，按照测试采样点进行汇聚，可设置连续 N 个测试采样点（可设置为 50 个，或其他值）为一个区间，判决区间内的 5G 网络覆盖性能，判决方法如下。

选择区间内对应到每一个采样点中最强的服务小区 $Cell_{i1}$，以及最强的 6 个邻区，因此，区间内可以有多个最强的服务小区 $Cell_{i1}$、$Cell_{i2}$…$Cell_{ij}$。（$j<N$），以及最强服务小区对应的邻区。

筛选该区间每一个 5G 小区的平均 RSRP 电平值，筛选出 RSRP 电平值最强的小区 Max_Cell_{ij}，比较 Max_Cell_{ij} 与其他小区平均 RSRP 电平值的差值。

如 Max_Cell_{ij} 与其他小区平均 RSRP 电平值的差值超过一个门限 T_1（如 6dB，可根据实际情况调整），则表明该低空航线区间由地面 5G 基站的小区 $Cell_{ij}$ 主控，列入集合 $H3$。

如 Max_Cell_{ij} 与其他小区平均 RSRP 电平值的差值未超过一个门限 T_1，则表明该低空航线区间无主控地面 5G 基站。

（5）5G 网络链路预算

对不同低空场景的业务特征要求，通过 5G 网络链路预算计算不同目标空域需要的主控波束 RSRP 强度、SINR 值以及波束增益。

◆ 5G 网络链路预算传播模型选择

低空网络与地面网络有很大的区别，低空空域基本采用自由空间模型，参考 3GPP 38.811，自有空间模型计算公式如下。

$$FSPL(d, f_c) = 32.45 + 20\log_{10}f_c + 20\log_{10}d$$

其中，f_c 是指使用的无线频段，单位是 GHz，如 4.9GHz；d 是指覆盖距离，单位是 m，如 1500m。

对不同低空场景的业务特征要求，通过 5G 网络链路预算计算不同目标空域需要的主控波束 RSRP 强度、SINR 值以及波束增益。

◆　5G 地面基站的链路预算

路径损耗（dB）= 基站发射功率（dBm）−10xlog$_{10}$（子载波数）+ 基站天线增益（dBi）−基站馈线损耗（dB）− 穿透损耗（dB）− 植被损耗（dB）− 人体遮挡损耗（dB）− 干扰余量（dB）− 雨 / 冰雪余量（dB）− 慢衰落余量（dB）− 人体损耗（dB）+UE 天线增益（dB）−热噪声功率（dBm）−UE 噪声系数（dB）− 解调门限 SINR（dB）。

低空网络场景，可忽略穿透损耗、人体遮挡损耗、慢衰落余量，因此，低空网络链路预算公式可简化为：

最大链路损耗 = 发射 EIRP（dBm）− 接收机灵敏度 + 增益损耗总体 + 阵列增益

◆　通过链路预算计算天线增益

对于上行，基站的接收机灵敏度可从设备厂家取得，可设为 −97dBm。预设终端发射功率 26+1.5dBm，终端天线增益 0dBi，阵列增益 0dB，考虑低空网络相同 RSRP 接收电平下，SINR 值低于地面网络，干扰余量可考虑设为 9dB，按照如下公式计算上行链路最大损耗。

上行链路最大损耗 = 上行发射 EIRP（dBm）+ 天线增益 − 基站接收机灵敏度

移动通信系统一般情况是上行受限系统，参考上行链路最大损耗值，假设：上行链路最大损耗值 = 下行链路最大损耗值；反向推算下行链路最大损耗值，计算基站天线增益。

下行链路最大损耗 = 下行发射 EIRP（dBm）+ 基站天线增益 − 终端接收机灵敏度

即：基站天线增益 = 下行发射 EIRP（dBm）− 终端接收机灵敏度 − 下行链路最大损耗

（6）筛选有效地面波束

筛选可满足业务要求的低空网络目标空域的有效地面基站波束，进一步结合 5G 地面基站波束配置情况判决目标空域的有效地面波束是否可用。对集合 $H3$ 内的最强地面 5G 小区，分别在低空航线中进行标注，结合 5G 地面基站波束配置情况判决目标空域的有效地面波束是否可用。

如果地面 5G 基站在垂直方向配置 SSB 波束，其小区 AAU 天线的垂直波束宽度为 6°、12°、25°，请教可调范围在 −2°～ 13°、3°～ 9°、6°，可参考 AAU 天线权值为 S5、S11、S16，由此可见，该地面 5G 基站不能负责其正上方的空域，如图 7-9 所示。

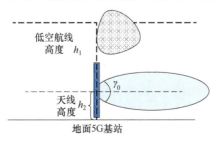

图 7-9　地面 5G 基站塔顶黑示意图

集合 $H2$ 内的最强地面 5G 小区只能是对应低空航线非正下方的 5G 基站。如集合 $H2$ 内的最强地面 5G 小区 Max_Cell$_{ij}$ 是主波束指向低空航线，则判决该小区生成的 5G 地面波束有效。如集合 $H2$ 内的最强地面 5G 小区 Max_Cell$_{ij}$ 是主波束的背向指向低空航线，则判决该小区生成的 5G 地面波束无效；将该小区从集合 $H2$ 中剔除。

将集合 $H2$ 中剩余的 5G 小区对应至相应的低空航线区间，在低空航线中做标注，判决其在低空航线中是否有效可用。

判决如果低空航线区间长度超过一个门限 T_2（如设置为 200m，或根据实际情况设置为其他值），则表明低空航线该区间可使用地面 5G 基站信号，集合 $H2$ 中的 5G 小区对应的区间，映射在低空航线后有效可用。

判决如果低空航线区间长度不超过一个门限 T_2（如设置为 200m，或根据实际情况设置为其他值），则表明低空航线该区间不可使用地面 5G 基站信号，集合 $H2$ 中的 5G 小区对应的区间，映射在低空航线后不可用。

（7）新建面向低空空域的 5G 波束

对不满足业务要求的目标空域，利用航线附近地面基站新增的面向空域的波束，来使目标航线的低空空域的覆盖性能达到要求。筛选出低空航线中可用的地面 5G 基站信号的低空航线空域后，其余的空域为不满足业务要求的空域，利用低空航线附近地面基站新增面向空域的 5G 波束。

◆　计算仰空角

出于投资效率的考虑，一个地面 5G 基站处在目标低空航线空域居中位置，可实现新增面向空域的 5G 小区最少。

计算仰空角 α_i，如图 7-10 所示，与 AAU 天线的 Default 模式相匹配，其仰空角为 105°。

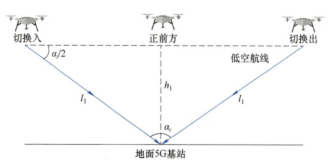

图 7-10　低空网目标空域仰空角示意图

h_1 是新增面向空域 5G 小区正前方的覆盖距离，切换入与切换出的低空网络目标空域的覆盖距离为 l_1，可根据实际的低空航线的矢量点与集合 $H1$ 中地面 5G 基站的实际距离计算得到。

$$\alpha_i = 2 \times \left(\frac{\pi}{2} - \arcsin \frac{h_1}{l_1} \right) \tag{7-1}$$

◆　计算低空航线新增地面 5G 小区 AAU 天线的下倾角

新增面向空域的 5G 波束，其所属的地面 5G 基站不一定位于低空航线目标空域的正下方，此时，需考虑新增 5G 小区 AAU 天线的下倾角；计算新增 5G 小区距离低空航线的直

线距离 D，结合低空航线飞行高度 h_0（可参考目前低空网络通用的 300m），可计算出新增 5G 小区 AAU 天线的下倾角 θ_i，如图 7-11 所示，此时的下倾角 θ_i 是负值，实际上是上仰角。

$$\theta_i = \arctan \frac{h_0 - h_2}{D} \qquad (7\text{-}2)$$

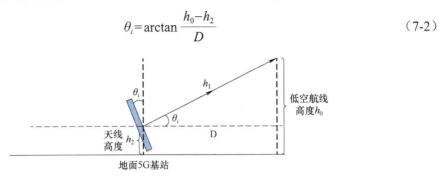

图 7-11　新增地面 5G 小区 AAU 天线的下倾角示意图

使用切换入与切换出对应的覆盖距离 l_1，以及基站正上方对应的覆盖距离 h_1，计算相应的天线增益，从而确定新增 5G 小区使用的 AAU 天线的不同波束对应的发射功率。

设置 SSB 波束间的功率补偿为 Δ_{power}。新增 5G 小区使用的 AAU 天线的不同波束对应的发射功率如图 7-12 所示，默认该 5G 小区使用 8 个 SSB 水平波束。

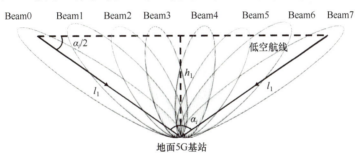

图 7-12　新增 5G 小区使用的 AAU 天线的不同波束对应的发射功率（正视图）

参考 SSB 波束参数，为对应 l_1 的 SSB 波束 Beam0 配置较大功率，其功率设为初始功率 $+2\Delta_{power}$。

SSB 波束功率由 Beam0 依次递减至 Beam3，为对应 h_1 的波束配置较小的功率，其功率设为初始功率 $-2\Delta_{power}$。

Beam1 发射功率：初始功率 $+\Delta_{power}$；

Beam2 发射功率：初始功率 $-\Delta_{power}$；

Beam3 发射功率：初始功率 $-2\Delta_{power}$；

Beam4 发射功率：初始功率 $-2\Delta_{power}$；

Beam5 发射功率：初始功率 $-\Delta_{power}$；

Beam6 发射功率：初始功率 $+\Delta_{power}$。

SSB 波束功率由 Beam4 依次递增至 Beam7，Beam7 同样为对应 l_1 的 SSB 波束，需配置较大功率，其功率设为初始功率 $+2\Delta_{power}$。

通过配置多个低空航线的新增 5G 基站，来实现目标航线的低空空域的覆盖性能达到要求。使用无人机搭载测试仪表再次对目标空域进行测试，验证目标空域的覆盖性能，以及低空航线空域是否由规划的集合 $H2$ 中的地面 5G 小区，或新增的面向低空空域的 5G 小区来覆盖。由于低空网络的网络覆盖重叠度高，实际的干扰值更大，干扰余量参数可能会与链路预算中的值不符，需要经过测试仪表进行验证。

4. 小结

通过低空航线目标空域的地面 5G 基站波束进行甄别，对不能满足低空经济业务要求的 5G 地面波束进行剔除，避免低空网络非主控的无效覆盖。按照链路预算结果，为低空经济业务要求的大上行配置相应的波束增益、波束功率，保证低空航线的有效 5G 波束覆盖。

7.2.2　面向低空航线的切换控制方法

面向低空航线基于质量的切换控制方法，根据低空经济业务需求，在低空网络设置低空航线。使用无人机携带测试仪表测试沿航线的低空空域使用的地面基站信号，筛选无线信号质量超过一个阈值 $T0$ 的 5G 小区，更改涉及 5G 小区的 SSB 频点偏置。为低空经济无人机 UE 设置 RFSP 索引，根据获取到的 RFSP 索引，在低空经济归属的 5G 网络所有 gNodeB 侧将该 RFSP 索引与已配置的 gNodeB 频点优先级组绑定，生成"RFSP 专用优先级"。控制无人机在航线起飞、低空航线、降落过程只在 RFSP 频点优先级组的 5G 小区序列中执行切换策略，不触发向 RFSP 频点优先级组之外的 5G 小区的切换，提升低空航线飞行过程中的上行传输业务速率。

1. 现有低空网络空域覆盖

无人机的飞行高度一般在基站天线上方，无人机的无线通信环境与地面上的用户不同。当无人机飞行高度低于或接近天线高度时，其无线电传播特性与地面用户的无线电传播特性相似。当无人机在天线高度以上飞行时，由于视距传播的概率增加，上行信号将被更多的站点接收到，同时也能够检测来自更多站点的下行信号，重叠覆盖度更高导致干扰增加。

此外，目前并未建设面向低空经济的低空专网，低空网络主要是通过地面基站的无线信号覆盖，因此，低空网络存在明显的"塔顶黑"现象，低空航线接收到的地面 5G 基站，可能来自于较远的地面 5G 基站，低空网络空域覆盖示意图如图 7-13 所示。

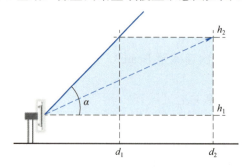

图 7-13　低空网络空域覆盖示意图

无人机在空中接收了大量来自邻区的信号，邻近区域的数量超过了十几个，导致平均 SINR 下降。经过信号质量实测，无人机在低空中的 SSB SINR 相比地面平均差值超过 10dB，见表 7-4，如以 5% 占比的 RSRP 为例，地面 RSRP-92dBm 对应的 SINR 值是 8dB，但在 300m 高度，RSRP-92dBm 对应的 SINR 值是 -2dB，同样的 RSRP，300m 低空的 SINR 值比地面的差 10dB。

表 7-4　无人机在低空与地面的接收电平与质量对比

高度 /m	SSB RSRP/dBm		SSB SINR/dB	
	5%（占比）	50%（占比）	5%（占比）	50%（占比）
地面	−92	−78	8	21
100	−86	−79	−0.1	7
200	−90	−83	−1.8	5
300	−92	−85	−2	4

2. 目前低空网络的切换控制方法

目前的低空网络的切换策略与地面网络的切换策略保持一致。SA 组网场景下切换功能的基础流程简述如下。

（1）切换功能启动，判决描述启动各类切换功能的条件

切换功能启动，是判决切换功能的开关是否已经打开、服务小区的信号质量是否满足条件。

（2）切换的处理模式（盲模式或测量模式）

切换功能启动判决通过后，gNodeB 会根据服务小区信号质量及相关事件选择对应的处理模式。

根据 UE 切换前是否需要对候选目标小区信号质量进行测量，处理模式分为测量模式和盲模式。

测量模式：gNodeB 指示 UE 根据测量控制下发的信息，对候选目标小区的信号质量进行测量并上报，gNodeB 根据 UE 上报的测量报告生成目标小区列表的过程。

盲模式：gNodeB 不指示 UE 对候选目标小区的信号质量进行测量，直接根据相关的优先级参数生成目标小区或目标频点列表的过程。

（3）测量控制下发描述 gNodeB 给 UE 下发测量配置信息的方式和主要内容

测量控制下发是指 gNodeB 向 UE 下发测量配置信息的过程。如下任一场景都会触发 gNodeB 下发测量配置信息。

在 UE 进入连接态时，gNodeB 会通过 RRCReconfiguration 给 UE 下发测量配置信息。

在 UE 处于连接态或完成切换后，若测量配置信息有更新，gNodeB 也会通过 RRCReconfiguration 给 UE 下发更新的测量配置信息。本章描述的测量控制下发属于该场景触发的。

如果是 A1 ～ A6 事件，测量系统为 NR。

如果是 B1 或 B2 事件，测量系统为非 NR 系统（如 E-UTRAN）。

（4）测量报告上报描述触发 UE 给 gNodeB 上报测量报告的要求

报告配置如下。

测量事件：包括 A1、A2、A3、A4、A5、A6 和 B1、B2。对于不同的切换功能，具体使用的测量事件不同，详细在各个切换功能章节进行介绍。测量事件的相关定义、进入和退出条件具体请参见测量事件。

触发量：指触发事件上报的策略，如 RSRP（Reference Signal Received Power）、RSRQ（Reference Signal Received Quality）或 SINR（Signal to Interference plus Noise Ratio），具体请参见触发量。

每个测量事件表征小区的一种信号质量状态，见表 7-5。

表 7-5　NR 系统测量事件定义

事 件 类 型	事 件 定 义
A1	服务小区信号质量变得高于对应门限
A2	服务小区信号质量变得低于对应门限
A3	邻区信号质量比服务小区信号质量高一定偏置
A4	邻区信号质量变得高于对应门限
A5	服务小区信号质量变得低于门限 1 并且邻区信号质量变得高于门限 2
A6	邻区信号质量比辅小区信号质量高一定偏置
B1	异系统邻区信号质量变得高于对应门限
B2	服务小区信号质量变得低于门限 1 并且异系统邻区信号质量变得高于门限 2

（5）目标小区或目标频点判决描述 gNodeB 选择切换策略以及生成切换目标小区或目标频点的过程

UE 收到 gNodeB 下发的测量配置信息后，按照指示执行测量，对测量值根据"滤波系数"进行滤波，然后再对事件进行判决，达到事件进入条件后，UE 会周期上报测量报告给 gNodeB。

3. 现有低空网络切换策略分析

参考低空网络空域覆盖，低空航线的无人机接收到的 5G 信号可能来自于地面距离较远的 5G 基站，该 5G 基站下发的测量控制是指向该基站在地面环境周边的 5G 基站，与低空航线无人机所处位置的较强的 5G 基站信号不相关。因此，低空航线无人机可能会切换至一个不合理的 5G 小区，从而影响低空网络的上传业务速率。

4. 面向低空航线基于质量的切换控制方法

（1）规划低空航线

根据低空经济业务需求，预测低空网络的目标覆盖空域，规划低空航线，预设网联无人机飞行高度。确定低空航线的目标覆盖空域，锁定低空航线线路的大体轮廓，依据网络地图工具通过手动新增或者插入的方式添加矢量点，绘制完成低空航线线路信息。低空航线可设置起始点与降落点为同一点，也可设置为不同点，如图 7-14 所示。

预设网联无人机飞行高度，如 120m、200m、300m 等。

（2）筛选质量优的 5G 小区

使用无人机携带测试仪表测试沿航线的低空空域使用的地面基站信号。在某地低空网络测试低空航线的汇总结果见表 7-6，平均 RSRP 值并不弱（在 −87.67dBm），但是平均 SINR 值仅有 1.94，SINR 大于 −3dB 的比例只有 68.85%，可见低空网络的主要问题在于无线信号质量差，此外，低空网络存在明显的高重叠覆盖现象，最强小区同频 RSRP 差值低于 6dB 的小区 ≥ 4 个的比例达到 27.81%。

筛选无线信号质量超过一个阈值 $T0$ 的 5G 小区，更改涉及 5G 小区的 SSB 频点为 $F3$。参考低空网络测试结果，可设置阈值 $T0=2dB$（可根据实际情况调整），筛选出 SINR 值超过阈值 $T0$ 的 5G 小区，列为集合 $H0$。

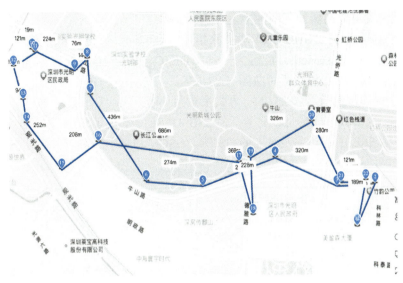

图 7-14　低空航线示意图

表 7-6　某地低空网络测试结果

Log 名	NR 覆盖统计			NR 干扰统计			
	SS-RSRP 采样总数	平均 SS-RSRP/dBm	SS-RSRP >= −100 采样点占比	SS-SINR 采样总数	平均 SS-SINR/dB	SS-SINR > −3 采样点占比	高重叠覆盖采样点占比（最强小区同频 SS-RSRP 差值 6dB 内小区数 ≥ 4）
汇总结果	15812	−87.67	85.66%	15492	1.94	68.85%	27.81%
**1	2711	−89.04	75.65%	2628	2.01	71.65%	20.25%
**2	2700	−88.53	84.96%	2669	3.46	75.23%	22.49%
**3	5524	−85	92.99%	5438	1.03	64.36%	34.58%
**4	4877	-89.46	83.29%	4757	2.1	68.87%	27.29%

更改集合 $H0$ 的 5G 小区的 SSB 频点为 $F3$，在低空网络形成与地面有区别的"异频低空专网"。

NR 系统小区的频点有两种方式来定义：中心频率、SSB 频率。

（1）中心频率

通常根据小区下行起始频率和小区下行带宽确定小区下行中心频率：

小区下行中心频率 $DLCELL_{REF}$ = 小区下行起始频率（MHz）+ 小区下行带宽（MHz）/2。

（2）SSB 频率

在 NR 系统中，PSS（Primary Synchronization Signal，主同步信号）、SSS（Secondary Synchronization Signal，辅同步信号）和 PBCH（Physical Broadcast Channel，物理广播信道）共同构成一个 SSB（Synchronization Signal and PBCH Block，同步信号块），每个 SSB 由 240 个连续的子载波组成。UE 通过接收 PSS 和 SSS 信号执行小区搜索，并通过接收广播的系统消息获取必要信息，从而进行小区选择和驻留。

SSB 频域位置可以选择如下两种描述方式。

◆ 使用绝对频点号（NARFCN）方式来描述

将 NRDUCell.SsbDescMethod 配置为 "SSB_DESC_TYPE_NARFCN"，此时，NRDUCell.SsbFreqPos 表示 SSB 中心频率所对应的 NARFCN。

◆ 使用全局同步信道号（GSCN）方式来描述

将 NRDUCell.SsbDescMethod 配置为 "SSB_DESC_TYPE_GSCN"，此时，NRDUCell.SsbFreqPos 表示 SSB 中心频率所对应的 GSCN，GSCN 和频率的对应关系见表 7-7。

表 7-7　GSCN 和频率的对应关系

频率范围 /MHz	SSB 频率位置（SS_{REF}）	GSCN 计算公式	GSCN 范围
0 ～ 3000	N × 1200kHz + M × 50kHz，$N=1：2499$，M 取值为 1、3 或 5	$3N+（M-3）/2$	2 ～ 7498
3000 ～ 24250	3000MHz + N × 1.44MHz $N=0：14756$	$7499+N$	7499 ～ 22255
24250 ～ 100000	24250.08MHz + N × 17.28MHz $N=0：4383$	$22256+N$	22256 ～ 26639

（3）基于 RFSP 的切换策略

为低空经济无人机 UE 设置 RFSP 索引，其中 RFSP 优选频点选择更改后的 SSB 频点。gNodeB 可设置不同的无线资源管理（Radio Resource Management，RRM）策略，来支持不同业务类型的 UE 需求。为了支持给 UE 提供特定的 RRM 策略，NR 引入了 RFSP（RAT/Frequency Selection Priority）的概念。RFSP 是运营商为 UE 在 UDM（Unified Data Management）数据库中注册的一个 1 ～ 256 范围内的策略索引。

针对 SA 组网用户，AMF（Access and Mobility management Function）通过 NG 接口将 RFSP 索引传递给 gNodeB，gNodeB 将该索引映射到本地配置后，就可以根据该索引为 UE 提供特定的 RRM 策略，以便按照 UE 的业务特点和负载状态更好地提供有针对性的服务。SA 组网下，使用 RFSP 灵活定制用户 RRM 策略的示意如图 7-15 所示。

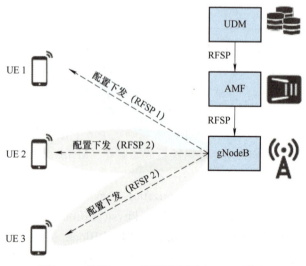

图 7-15　使用 RFSP 灵活定制用户 RRM 策略

在网络中不同阶段，RFSP 通过不同的信令消息进行传递，包括以下几种。

UE 初始接入，UDM 通过 N8 接口消息将运营商配置的 RFSP 传递到 AMF，AMF 通过 INITIAL CONTEXT SETUP REQUEST 消息将 UDM 传递的 RFSP 传递到 gNodeB。

NG 链路已建立，如果 UE 从空闲态进入连接态，则 AMF 通过 DOWNLINK NAS TRANSPORT 消息将 UDM 传递的 RFSP 传递到 gNodeB。

核心网修改 RFSP，在数传过程中，如果 UDM 修改了 RFSP，UDM 会通过 N8 接口消息将更新后的 RFSP 传递到 AMF，并由 AMF 通过 UE CONTEXT MODIFICATION REQUEST 消息最终传递到 gNodeB。

UE 发生 NG 切换，源 gNodeB 通过 HANDOVER REQUIRED 消息将 RFSP 传递到 AMF，然后 AMF 通过 HANDOVER REQUEST 消息将 RFSP 传递到目标 gNodeB。

UE 发生 Xn 切换，源 gNodeB 通过 HANDOVER REQUEST 消息将从 AMF 获取的 RFSP 传递到目标 gNodeB。

（4）为低空无人机 UE 设置 RFSP 索引

将低空无人机 UE 的 RFSP 索引优选频点设置为集合 $H0$ 更改后的 SSB 频点 F3。RFSP 索引 1（RFSP=1）与频点列表组 0 绑定，即 SSB 频域位置 F2、F3；RFSP 索引 2（RFSP=2）与频点列表组 1 绑定，即 SSB 频域位置 F3，见表 7-8。

表 7-8　RFSP 索引与频点列表组对应关系

频点列表组	RFSP 索引	制 式 类 型	SSB 频域位置
0	0	NR	F1
0	1	NR	F2、F3
1	2	NR	F3

RFSP 索引与频点列表组对应后的切换示意图如图 7-16 所示。

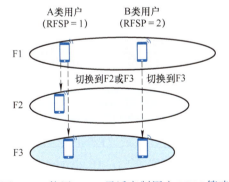

图 7-16　使用 RFSP 灵活定制用户 RRM 策略

（5）生成 RFSP 专用优先级

根据获取到的 RFSP 索引，在低空网络归属的 5G 网络所有 gNodeB 侧将该 RFSP 索引与设定的 gNodeB 频点优先级组绑定，生成 "RFSP 专用优先级"。根据获取到的 RFSP 索引，在低空网络归属的 5G 网络所有 gNodeB 侧将该 RFSP 索引与设定的 gNodeB 频点优先级组绑定，生成 "RFSP 专用优先级"。

RFSP 功能主要是指定特定 UE 切换到 NR 系统某些特定频点的 NR 小区，在低空网络中，由于低空空域 5G 小区多，重叠覆盖严重，切换频繁，且存在切换不合理的情况。为了保证低空经济业务连续性，控制无人机 UE 只触发向特定频点的 NR 小区的切换，可保证切换成功率，提升上传业务速率。

基于 RFSP 定制的基础切换策略，在 gNodeB 侧配置并下发小区切换的 RFSP 专用频点列表，主要参数见表 7-9。

表 7-9　gNodeB 频点优先级组

参 数 名 称	参数 ID	说　　明
gNodeB 频点优先级组标识	gNBFreqPriorityGroup.*gNBFreqPriorityGroupId*	用于设置 gNodeB 频点优先级组 ID
频点索引	gNBFreqPriorityGroup.*FreqIndex*	用于设置所配频点在本 gNodeB 频点优先级组中的索引
制式类型	gNBFreqPriorityGroup.*RatType*	用于设置所配频点对应的制式
SSB 频域位置	gNBFreqPriorityGroup.*SsbFreqPos*	用于设置 NR 频点 SSB 的频域位置
下行 E-UTRAN 频点	gNBFreqPriorityGroup.*DlEarfcn*	用于设置 E-UTRAN 邻区的下行频点
流量优先级	gNBFreqPriorityGroup.*TrafficPriority*	用于设置 NR 异频频点的流量优先级

gNodeB 频点列表组的配置举例见表 7-10。

表 7-10　gNodeB 频点列表组配置举例

gNodeB 频点优先级组 ID	频点索引	制 式 类 型	SSB 频域位置	流量优先级	下行 E-UTRAN 频点
0	0	NR	F1	0	不涉及
0	1	E-UTRAN	不涉及	不涉及	F3
1	0	NR	F1	1	不涉及
1	1	NR	F2	2	不涉及
1	2	E-UTRAN	不涉及	不涉及	F4
1	3	E-UTRAN	不涉及	不涉及	F5

注：表格中的 F1、F2、F3、F4、F5 为不同频点的示意。

根据获取到的 RFSP 索引，在低空网络归属的 5G 网络所有 gNodeB 侧将该 RFSP 索引与设定的 gNodeB 频点优先级组绑定，生成"RFSP 专用优先级"；gNodeB 向核心网获取 UE 的 RFSP 索引，根据获取到的 RFSP 索引，在 gNodeB 侧将 UE 的 RFSP 索引与已配置的 gNodeB 频点列表组绑定，生成"RFSP 专用频点列表"。

控制无人机在航线起飞、低空航线、降落过程只在 RFSP 频点优先级组的 5G 小区执行切换策略，不触发向 RFSP 频点优先级组之外的 5G 小区的切换。

5. 小结

低空网络面向低空航线的切换控制方法，通过前期的低空航线的测试结果，筛选低空航线周边质量较好的地面 5G 小区，生成 RFSP 专用优先级，控制低空网络的切换。通过为无人机 UE 设置 RFSP 索引，控制无人机切换优选 RFSP 专用优先级的 5G 小区，保证低空航线切换顺序，保证无人机获得稳定的业务速率。

第 8 章

智能超表面 RIS 应用部署

工作频段更高、天线规模更大、设备算力更强是下一代移动通信网络发展的重要趋势，同时也面临新的挑战。首先，高频信号的传播与穿透损耗较大，受障碍物遮挡影响也更大，网络覆盖区域容易出现盲区或弱覆盖区域，不利于实现无线网络的泛在接入和深度覆盖；其次，天线规模的增加会导致天线制造工艺与成本、信道测量与建模难度、信号处理运算量、参考信号开销等方面都会显著增加，对天线系统的一体化和集成度提出了更高的要求，超大规模天线技术走向实用化的前提是低成本、低功耗、高可靠和易部署；最后，能耗是网络运营的关键因素，5G 基站相对 4G 基站能耗显著增加，以基站为代表的 RAN 侧主设备射频器件能耗约占设备能耗的 55%，降低射频器件能耗、提升能效是牵引设备绿色演进的核心。

智能超表面（Reconfigurable Intelligent Surface，RIS）作为一种新的电磁材料，以可编程的方式对空间电磁波进行主动的智能调控，形成幅度、相位、极化和频率可控的电磁场。智能超表面的引入，使得无线传播环境从被动适应变为主动可控，从而构建了智能无线环境。由于智能超表面采用少量有源器件甚至全无源器件的设计理念，在低成本、低功耗、低复杂度和易部署方面具有一定优势，有机会解决未来移动通信网络发展面临的需求与挑战。

传统通信中无线环境是不可控因素，一般情况下对通信效率有负面作用。信号衰减限制了无线信号的传输距离，多径效应导致信号衰落现象，大型物体的反射和折射更是主要的不可控因素。将 RIS 部署在无线传输环境中各类物体的表面，有望突破传统无线信道不可控性，构建智能可编程无线环境。RIS 可以主动地丰富信道散射条件，增强无线通信系统的复用增益；同时，RIS 可以在三维空间中实现信号传播方向调控及同相位叠加，增大接收信号强度，提高通信设备之间的传输性能。

RIS 的应用研究是跨学科的，需要无线通信、射频工程、电磁学和超材料等学科的协同配合。RIS 在未来无线通信网络中的应用将涵盖发射机、无线信道环境以及接收机组成的整体闭环无线传输链路，基于 RIS 的新型无线通信系统有望通过联合优化设计取得最佳的整体性能。本章结合现有 5G 网络来讨论 RIS 在现网的应用部署以及应用过程中遇到的困难与思考。

8.1　RIS 基础原理与部署

8.1.1　智能超表面原理

RIS 是一种具有可编程电磁特性的人工电磁表面结构，由超材料技术发展而来。传统超材料可以实现电磁黑洞和电磁隐身衣等奇特物理现象。近年来迅速发展的 RIS 技术具有电磁特性实时可编程的特点，实时可编程允许超表面改变其电磁特性，从而实现传统超材料无法实现的各种功能。RIS 通常由大量的电磁单元排列组成，通过给电磁单元上的可调元件施加控制信号，可以动态地控制这些电磁单元的电磁性质，进而实现以可编程的方式对空间电磁波进行主动的智能调控，形成幅度、相位、极化和频率等参数可控的电磁场。

将 RIS 部署在无线传输环境中各类物体的表面，有望突破传统无线信道不可控性，构建智能可编程无线环境。RIS 有很大潜力用于未来无线网络的覆盖增强和容量提升，它能够提供虚拟视距链路、消除局部覆盖空洞、服务小区边缘用户、解决小区间同频干扰等。RIS 还具有电磁吸收、透射和散射等能力，可以根据所需无线功能对无线信号进行动态调控，保障通信网络安全、减小电磁污染、支持无源物联网、使能无线能量传输和辅助定位感知等。

RIS 是一种亚波长尺寸的人工二维材料，通常由金属、介质和可调元件构成，可以等效表征为 RLC 电路。调整电磁单元的物理性质，如容抗、阻抗或感抗，改变 RIS 的辐射特性，实现非常规的物理现象诸如非规则反射、负折射、吸波、聚焦以及极化转换，进而对电磁波进行动态调控。

RIS 的工作原理遵循广义斯涅尔定律（Generalized Snell's Law），从材料设计角度看，可以用离散的数字状态表征超材料的电磁特性，用数字化的方式实现电磁信息的调控。数字编码超表面可以实现单比特或多比特的信息调控，例如单比特数字编码超表面的数字状态 "0" 和 "1" 分别代表 0 和 π 的反射或透射相位响应，而多比特可以实现更灵活的电磁信息调控。

RIS 通过控制变容二极管、PIN 开关、MEMS 开关、液晶、石墨烯等的偏置电压，产生各电磁单元所需的电磁行为。RIS 通过集成有源控制器，调控各电磁单元状态，推动了 RIS 由 "静态" 向 "动态" 的转变，将物理世界和数字世界有机地联系起来。RIS 可以通过软件进行实时控制（例如，采用 FPGA 编程控制），将不同的数字编码序列提前设计并存储，通过切换编码序列完成对电磁波的动态调控，例如单波束反射、多波束反射、漫散射和透射等。数字编码序列既可以是操控电磁波不同辐射和散射行为的控制码，也可以是数字信息本身。

RIS 应用场景包括非视距场景增强、解决局部空洞、支持边缘用户、实现安全通信、减小电磁污染、无源物联网、高精度定位以及通信感知一体化等。为了更好地发挥 RIS 通信系统的潜力，真实的信道测量、通信性能分析、准确的信道估计、灵活的波束赋形以及 AI 使能设计都至关重要。不失一般性，考虑一个三节点通信系统，该系统由一个发射机、一个接收机和具有大规模电磁单元的 RIS 组成，如图 8-1 所示。

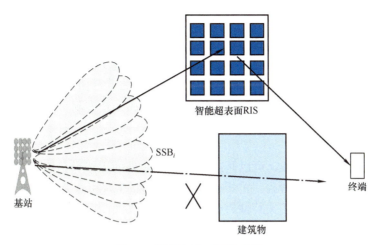

图 8-1　智能超表面通信系统

8.1.2　智能超表面部署场景

1. 信号覆盖增强

通过实验研究以及具体的应用测试，RIS 技术在通信网络中对于提升覆盖质量、克服障碍物阻挡、减小穿透损耗、热点增流方面有明显的效果。

（1）面向覆盖空洞

传统的蜂窝部署可能存在覆盖空洞区域，如在高大建筑物的阴影区域。在密集城区场景下的街道信号覆盖，或者室内外和公共交通工具内外的信号接驳等场景下，通信链路被阻挡，基站信号不容易到达，用户不能获得较好的服务。RIS 可部署在基站与覆盖盲区之间，通过有效的反射 / 透射使传输信号到达覆盖空洞中的用户，从而为基站和用户之间建立有效连接，保证空洞区域用户的覆盖。

（2）边缘覆盖增强

传统蜂窝小区的覆盖范围受到基站发射功率的限制，小区边缘用户的接收信号质量较差。仅通过网络规划和调参很难实现无缝覆盖，总会出现零星的弱覆盖区。RIS 可部署在基站和边缘用户或弱覆盖区之间，接力反射基站的传输信号以提高边缘用户的信号质量。在基站和小区边缘用户间部署 RIS，既可以调整电磁单元的相位进行波束赋形来增强信号，又可以增加反射路径来提高信号质量。

（3）室内覆盖增强

随着 5G 时代的到来，各种新型业务层出不穷，业界预测将来超过 85% 的移动业务将发生于室内场景中。室内墙壁和家具的信号阻挡导致较多的覆盖空洞和盲区。RIS 可以针对目标用户进行重新配置，有利于室内覆盖增强。信号由于折射、反射和扩散而经历路径损耗和穿透损耗，导致目标用户的接收信号较弱。信号传播可以通过 RIS 进行重构，使得到达目标用户的接收信号得以增强。由于较大的穿透损耗，室外基站实现室内覆盖一直是工程实现的难点。RIS 可以部署在建筑物的玻璃表面，它能有效接收基站传输的信号并透射到室内，室内用户可以接收来自 RIS 的反射信号来提高信号质量。

（4）边缘速率提升

对于小区边缘用户，一方面，边缘用户接收到的服务小区信号较弱；另一方面，边缘用户会受到相邻小区的干扰。此时，可以通过在合适的位置部署 RIS，通过波束赋形，将边缘用户的信号传输至目标用户所在区域，这在提高有用信号的接收功率的同时，也可以有效抑制对相邻小区的干扰，相当于在边缘用户周围构建了一个"信号热点"和"无干扰区域"。另外，由于用户发送功率受限，小区边缘用户的上行信道将成为业务传输的瓶颈，在合适的位置部署 RIS，定向增强基站侧的接收信号强度并抑制干扰，可以有效提升终端上行速率。

（5）RANK 增流

对于业务密集的热点区域，可以通过 RIS 增加额外的无线通信路径与信道子空间，从而可以提高信号传输的复用增益。尤其在视距传输场景中，引入基于 RIS 的可控信道，则收发天线阵列间信道的空间相关特性将会得到很大的改善，可用于数据传输的子空间数目得到增加，极大提升系统及用户的传输性能。

2. RIS 部署策略

对于低频场景，智能超表面既可以部署在收发端侧，也可以部署在信道侧，以增强网络的覆盖或容量。

（1）部署在基站天线侧

部署在基站天线侧，智能超表面可应用于简化收发信机设计。基于数字编码超表面的发射机将信源比特映射成智能超表面控制信号，调控智能超表面对入射波的电磁响应，可实现频移键控（Frequency Shift Keying，FSK）、相移键控（Phase Shift Keying，PSK）、正交幅度调制（Quadrature Amplitude Modulation，QAM），集能量辐射和信息调制功能于一体，动态调控电波传播方向和谐波能量分布，简化收发信机架构。

RIS 部署在基站天线侧，可以通过自身的动态调控来控制基站天线的波束方向，使得天线波束更灵活、更精准地指向用户，提升覆盖性能。RIS 可用于改善有源天线单元（Active Antenna Unit，AAU）设计。在现有 5G AAU 的基础上，集成透射式智能超表面阵面，可进一步扩展基站覆盖角度，有效提升基站覆盖范围，解决边远郊区低容量场景下低成本、低功耗覆盖补盲问题。

（2）部署在信道侧

在信道侧，智能超表面作为一种低成本、低功耗的信道环境调控节点，应用于网络覆盖补盲、室内外覆盖增强、热点扩容等典型场景。

智能超表面部署在基站与目标覆盖区域之间。可通过智能超表面按需构造非视距反射路径或改变电磁波透射特性，可有效解决由于障碍物遮挡产生的盲区问题，提升室外宏站穿透玻璃覆盖室内的网络质量，改善小区边缘用户富散射环境，提高小区边缘用户传输性能，以低成本、低功耗方式实现深度覆盖和提速扩容。

（3）部署在终端侧

RIS 部署在终端侧，可以理解为部署在靠近终端的位置，如手机壳、汽车车窗、高铁车窗等。由于终端侧不能保证电源供电，因此，部署在终端侧需考虑无源物联网的技术，如在 RIS 板侧增加电容器件，通过电磁波获取能量；也可以考虑使用太阳能板、电池等其他手段，当充电达到一定门限时，可以通过电容给 RIS 供电来实现类似于静态方式的调控。

8.2　RIS 应用部署

8.2.1　联动 SSB 波束调控 RIS

NR TDD 网络通常使用 64 通道天线 AAU 设备，一般情况下，基站覆盖范围下用户分布不均衡。常规 NR TDD 网络为了提升覆盖性能会周期性实施 SSB 波束寻优的优化操作，调整后使用更窄的 SSB 波束或调整 SSB 方位角指向用户密集区域。SSB 波束调整后带来了其他区域覆盖性能下降的问题。使用 RIS 设备，联动 SSB 波束协同调控 RIS 电磁参数的方法，利用 RIS 设备调控折射方向的特性，根据 SSB 波束时域发射周期，对部分 SSB 波束进行折射，扩大小区整体覆盖范围，实现覆盖性能增强。

1. NR TDD 系统的波束与天线权值

NR 系统采用波束赋形技术，对每类信道和信号都会形成能量更集中、方向性更强的窄波束，gNodeB 对各类信道和信号分别进行波束管理，并为用户选择最优的波束，提升各类信道和信号的覆盖性能及用户体验。

根据波束赋形时采用的权值策略差异，NR 波束分为静态波束与动态波束。静态波束是波束赋形时采用预定义的权值，即小区下会形成固定的波束，比如波束的数目、宽度、方向都是确定的。

NR 小区同步和广播信道共用一个 SSB（Synchronization Signal and PBCH Block）波束，也称为广播波束，是一种典型的静态波束。SSB 波束是小区级波束，gNodeB 按照 SSB 周期（MS5，MS10，MS20，MS40，MS80，MS160，单位：ms）发送 SSB 波束，广播同步消息和系统消息。

现网 NR 小区一般使用多个 SSB 波束，在时域维度每个时刻发送一个方向的 SSB 波束，不同时刻发送不同方向的 SSB 波束，完成对整个小区的覆盖。使用 Massive MIMO 多通道天线 AAU 设备的 TDD 网络中，存在基站覆盖范围下用户分布不均衡，或者由于移动性导致用户密集区域随时间发生变化的情况。SSB 波束寻优，是指根据小区覆盖、用户分布、系统负载等信息，为各类信道和信号选择最优的波束。

目前 TDD 系统支持的 AAU 天线固定权值波束方案，工程师可按照实际覆盖场景类型选择其中一种权值配置可完成权值优化。目前 TDD sub 6GHz 系统，如 n41（2.6GHz）频段，小区 SSB 广播波束可支持最多配置 8 个 SSB，SSB 波束水平配置 8 波束，即 H8，对应 Default0、S0 模式，主要面向水平方向的覆盖性能；SSB 波束垂直配置 8 波束，即 V8，对应 S11、S16 模式，主要面向垂直方向的覆盖性能。

2. SSB 波束寻优

目前 FR1 频段最大支持 8 个 SSB 波束，具体配置要根据 NR TDD 网络上下行时隙配置决定。中国移动在 n41（2.6GHz）频段使用"下行：上行 =8：2"单周期配置方式，即（DDDDDDDSUU），可支持 8 个 SSB 波束；在 n79（4.9GHz）频段使用"下行：上行 =7：3"双周期配置方式，即（DDDSUDDSUU），受限于特殊时隙，最大支持 7 个 SSB 波束。

SSB 波束寻优调整一般采用两种方法：

1）使用更窄的 SSB 波束指向用户密集区域，小区水平半功率角变窄。

2）调整 SSB 波束使 AAU 天线方位角偏移，指向用户密集区域。

（注：其他的 SSB 波束寻优方案，如调整 SSB 波束下倾角或 SSB 功率等方法，由于 SSB 波束方向及水平半功率角未发生变化，在此不予讨论。）

目前的 SSB 波束寻优调整会改变用户的覆盖性能，SSB 指向的用户群的覆盖性能会提升，但是由于 SSB 波束变窄导致小区整体的水平半功率角变窄，可能会导致原小区旁瓣附近的用户的覆盖性能下降；调整 SSB 波束使 AAU 天线方位角偏移，指向用户密集区域，会导致 AAU 天线调整反方向处于原小区旁瓣附近的用户的覆盖性能下降。

第一类 SSB 波束寻优调整后小区水平半功率角变窄，如图 8-2 所示，使用更窄的 SSB 波束之后，会导致原小区旁瓣附近的用户的覆盖性能下降。

图 8-2　SSB 波束寻优调整中 SSB 波束变窄

第二类 SSB 波束寻优调整后使 AAU 天线方位角偏移，指向用户密集区域，如图 8-3 所示，会导致 AAU 天线调整反方向处于原小区旁瓣附近的用户的覆盖性能下降。

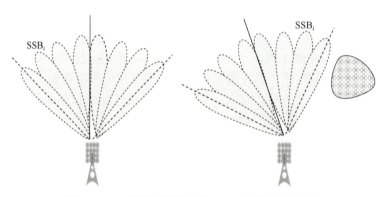

图 8-3　SSB 波束寻优调整中 AAU 天线方位角偏移

由于 SSB 波束寻优是考虑小区整体覆盖范围中较大比例的用户，因此，SSB 波束寻优后导致覆盖性能下降的用户为较少比例，经常被工程师忽视。

3. 联动 SSB 波束协同调控 RIS

（1）采集 NR TDD 天线参数

采集 TDD 网络 SSB 波束寻优后的 AAU 天线参数，包括：AAU 天线倾角、AAU 天线方位角，以及 SSB 波束编号、SSB 波束倾角、SSB 波束方位角、SSB 波束水平宽度、SSB 波束垂直宽度、SSB 最大功率偏置，见表 8-1。

表 8-1 AAU 天线参数及 SSB 波束相关参数

参 数 名 称	配 置 建 议
AAU 天线倾角	按照网络规划配置。配置为默认值 255 时，代表的倾角值为 6° 天线倾角 = 本参数对应的倾角值 + 机械倾角
AAU 天线方位角	按照网络规划配置
SSB 最大功率偏置	建议在大站间距、SUL（Supplementary Uplink）等 PBCH 或 SS 功率受限场景配置需要的偏置值
SSB 波束编号	根据实际覆盖场景配置
SSB 波束倾角	根据实际覆盖场景配置
SSB 波束方位角	根据实际覆盖场景配置
SSB 波束水平宽度	根据实际覆盖场景配置
SSB 波束垂直宽度	根据实际覆盖场景配置

（2）筛选水平半功率角调整大的小区

◆ 将小区水平半功率角调整超过一个阈值 T0 的小区，列入集合 H0

以默认设置 Default0 的水平半功率角 105° 为基准，筛选 SSB 寻优调整的小区，逐一比较 SSB 寻优调整后的 AAU 水平半功率角与 105° 的差值，如发现调整的差值超过一个阈值 T0，可参考 15°，将该小区列入集合 H0。

◆ 将小区方位角调整超过一个阈值 T1 的小区，列入集合 H1

检查 TDD 小区初始小区方位角，TDD 基站一般有 3 个小区，小区方位角初始值可设为 0°、120°、240°，筛选 SSB 寻优调整的小区，与小区方位角初始值比较，如发现调整的差值超过一个阈值 T1，可参考 20°，将该小区列入集合 H1。

（3）RIS 设备部署

为 H0 与 H1 中所有小区增加 RIS 设备，RIS 设备布放在 AAU 天线外侧一定距离 L0，可参考 10cm，如图 8-4 所示。

为 RIS 设备增加电磁调控模块，该模块可实现 RIS 设备的折射调控，控制 AAU 天线发射的电磁信号，穿透 RIS 设备的折射方向。

RIS 设备需工作在一个三节点通信系统，该系统包括一个发射机、一个接收机和具有大规模电磁单元的 RIS，接收端接收到的信号 **y** 为

$$y = \sqrt{\beta}\,(h\boldsymbol{\Phi}H + g)s + n$$

从发射端经过 RIS 到达接收端的等效信道 **hΦH** 为 RIS 与接收端间信道 **h**、RIS 的可调相移对角矩阵 **Φ**，以及发送端与 RIS 间信道 **H** 的乘积；**g** 为接收端和发射端之间的直达信道；**s** 是发送端发送的信号；**n** 为高斯白噪声。当使用 RIS 辅助通信时，RIS 单元反射的信号可以表示为入射信号与该单元反射系数的乘积。由于 RIS 的准无源特性，辐射过程引入的热噪声可忽略。

在设定的业务量稳定的时段调整 RIS 设备基于反射特性相关

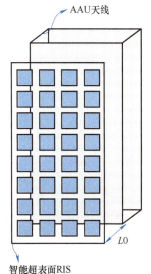

图 8-4 AAU 天线外侧布放 RIS 设备

参数，包括 RIS 的相移矩阵 **Φ**，实现调整 RIS 设备反射信号后的末端 5G 终端下行 RSRP 电平值。

4. 联动集合 H0 小区的 SSB 波束协同调控 RIS

采集 H0 集合小区的 SSB 波束周期，在小区 SSB 波束轮巡的前 i 个 SSB 波束周期，以及后 i 个 SSB 波束周期，开启 RIS 设备，设置相应的参数使 SSB 波束经过 RIS 设备折射后，扩大折射角，增大覆盖范围。

（1）采集 H0 集合中所有 TDD 小区的 SSB 波束周期

每个 SSB 时域上占用连续 4 个符号，频域上占用 20 个 RB（即 240 个子载波）。SSB 的发送时刻以半帧（时长为 5ms）为一个单位进行，在一定周期内发送。在一个半帧内，gNodeB 可以在多个候选位置中发送 SSB。SSB 在每个半帧内的时域位置，为了节约网络资源，gNodeB 不会在每个半帧内都发送 SSB，而是每隔一段时间（即 SSB 周期）在某一个半帧内出现若干次，这若干个 SSB 中每个都对应一个波束扫描的方向，最终小区的每个方向都会有一个 SSB 信号。SSB 周期有不同，但是在每个周期内完成波束扫描的时间都是 5ms 内，即每个周期 SSB 波束会在 5ms 内完成整个小区的覆盖扫描。

SSB 周期（SSB Period）可以是 5ms、10ms、20ms、40ms、80ms、160ms，这个周期会在 SIB1 中指示，但在初始小区搜索时，UE 还没有收到 SIB1，所以会按照默认 20ms 的周期搜索 SSB。

（2）对应小区 SSB 波束轮巡的前 i 个、后 i 个 SSB 波束周期

由于 H0 集合中的 TDD 小区的 SSB 波束调整为窄波束，小区整体水平半功率角会变小，原小区旁瓣附近用户的覆盖性能会下降，因此，选择小区 SSB 波束轮巡的前 i 个 SSB 波束以及其发射周期，后 i 个 SSB 波束以及其发射周期，i 可参考设置为 1 或 2，即在 i 个周期内，开启 RIS 设备。

（3）调控 RIS 设备

开启 RIS 设备，设置相应参数，调控折射角，使 SSB 波束穿透 RIS 设备，其法线方向发生折射后，达到折射角 A，如图 8-5 所示。折射角 A 使得小区整体的覆盖范围与 SSB 波束寻优调整前的覆盖范围保持基本一致，一定程度上增强 SSB 波束寻优调整后旁瓣附近用户的覆盖性能。

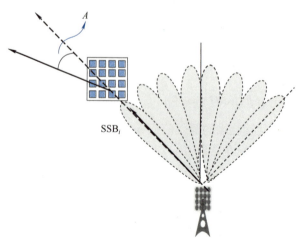

图 8-5　调控 RIS 设备使 SSB 波束法线方向发生折射（H0 小区）

5. 联动集合 H1 小区的 SSB 波束协同调控 RIS

采集 H1 集合中小区的 SSB 波束周期，根据小区方位角调整的角度，计算对应的 SSB 波束个数 j，在该小区 SSB 波束轮巡的后 j 个 SSB 波束周期，开启 RIS 设备，设置相应的参数，调控折射角，使 SSB 波束经过 RIS 设备折射后，扩大折射角，增大覆盖范围。

采集 H1 集合中小区的 SSB 波束周期，根据小区方位角调整的角度，计算对应的 SSB 波束个数 j。

采集 TDD 小区中 SSB 波束的水平半功率角，与 SSB 波束寻优后 AAU 天线方位角调整的角度相比较：

$$\Delta\theta=\theta_{\text{AAU 天线方位角调整角}}-\theta_{\text{SSB 波束的水平半功率角}}$$

如差值小于阈值 T2，则认为 AAU 天线方位角调整的角度基本与 SSB 波束的水平半功率角一致，则确定 j=1。

T2 可参考 SSB 波束的水平半功率角的值，也可设置为 25°。

如差值大于阈值 T2，则认为 AAU 天线方位角调整的角度比 SSB 波束的水平半功率角大，则确定 j=2。

鉴于不影响 SSB 波束寻优效果的前提，j 最大值设为 2。

在该小区 SSB 波束轮巡的后 j 个 SSB 波束周期，开启 RIS 设备，设置相应的参数，调控折射角，使 SSB 波束经过 RIS 设备折射后，达到折射角 B，如图 8-6 所示。折射角 B 使得小区整体的覆盖范围与 SSB 波束寻优调整前的覆盖范围保持基本一致，一定程度上增强 SSB 波束寻优调整后旁瓣附近用户的覆盖性能。

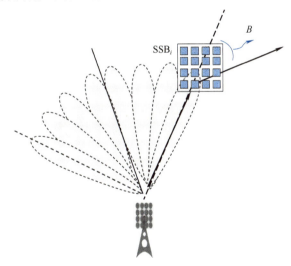

图 8-6　调控 RIS 设备使 SSB 波束法线方向发生折射（H1 小区）

6. 小结

NR TDD 系统在进行 SSB 波束寻优调整过程中，会引起少部分用户的覆盖性能变差，使用联动 SSB 波束协同调控 RIS 的方案可以有效提升小区整体覆盖性能。

可提升 TDD 小区整体覆盖性能，SSB 波束寻优指向密集的用户，可提升密集用户的覆盖性能，SSB 波束寻优调整会改变小区的覆盖范围或方向，使用 RIS 设备可调控电磁方向，提升原小区旁瓣附近用户的覆盖性能。

参考 SSB 波束周期，可控制 RIS 设备与 SSB 波束在时域保持同步，保证 SSB 波束寻优的效果，同时，也可以保证 SSB 波束寻优后小区的整体覆盖范围与覆盖性能。

可根据每一个 SSB 寻优小区调整小区半功率角的幅度，或调整方位角的大小，来精确调控 RIS 设备的电磁参数，控制 RIS 设备的折射方向，确保 SSB 波束寻优后小区的整体覆盖性能。

8.2.2　网络控制的 RIS 码本设计

NR TDD 与 NR FDD 网络制式的多 SSB 波束场景，使用透射型智能超表面 RIS 技术增强室内覆盖性能，依托网络控制中继 NCR 技术，RIS 智能超表面控制模块选择 RSRP 最强的 SSB 波束，通过轮巡设置 RIS 电磁调控参数，在基站侧收集透射型 RIS 作为中继接入的末端终端反馈的 RSRP 电平值，基站选择最强的终端反馈的 RSRP 电平值的 RIS 调控参数作为 RIS 透射波束成形码本，来提升 RIS 接入终端的覆盖性能。

1. 网络控制的 RIS

3GPP Rel-18 立项了网络控制直放站（Network Controlled Repeater，NCR），与传统直放站全向发射信号、始终进行转发放大不同，其能够按照基站指示，在需要的时候才进行放大和定向的转发工作，重点关注高频段的覆盖增强的应用场景，兼顾中低频。NCR 与基于波束赋形的 RIS 在系统参数、工作模式、控制信令等细节方面存在一定的差异。

首先，RIS 的元件数目远多于 NCR 的有源元件数目，这表示 RIS 的波束会比 NCR 的更窄，指向性更高，在覆盖区域一定的情况下，势必会引入大量额外的波束资源，如何进行低开销的波束训练 / 扫描是 RIS 相较于 NCR 的增量研究之一。

其次，现阶段 NCR 的控制链路和回程链路是带内链路，共用射频模块；由于 RIS 具有无源特性，可以考虑在 RIS 控制和信号反射之间采用独立的射频，这样可以提供更多设计灵活性，简化控制链路，优化 RIS 性能。

再次，NCR 需要功率放大，对供电和能耗有一定的需求；而 RIS 仅需对控制模块供电，可以通过控制方案设计达到显著节能的效果。

最后，NCR 的射频单元可以关断以停止转发，而 RIS 无相位加载时可以进行镜面反射，因此可以进一步设计不同的开关策略。

目前的 NR 系统采用波束赋形技术，对每类信道和信号都会形成能量更集中，方向性更强的窄波束，基站对各类信道和信号分别进行波束管理，并为用户选择最优的波束，提升各类信道和信号的覆盖性能及用户体验。NR 系统中的广播波束是一种典型的静态波束，SS 和 PBCH 共用一种波束，简称为广播波束 SSB。SSB 波束是小区级波束，基站按照 SSB 周期（MS5，MS10，MS20，MS40，MS80，MS160，单位：ms）周期性地发送 SSB 波束，广播同步消息和系统消息。现网 NR 小区一般使用多个 SSB 波束时，在时域维度每个时刻发送一个方向的 SSB 波束，不同时刻发送不同方向的 SSB 波束，完成对整个小区的覆盖。

由于 RIS 具有易部署的特点，RIS 部署的位置非常灵活，因此，在多 SSB 波束场景中，RIS 需要自适应地判断最强 SSB 波束，以及 SSB 波束入射 RIS 表面的入射角，并调控电磁参数，控制 RIS 出射角，来保证终端侧的 RSRP 接收电平。

2. 现有透射型 RIS 码本设计

现有的网络中，高层建筑物由于玻璃幕墙的穿透损耗较大，如果建筑物内未建设室内分布系统，建筑物内的终端可能会面临 RSRP 接收电平低、信号差的问题。目前的透射型

RIS 智能超表面的码本设计中，通常是预设入射角与出射角，由此来确定 RIS 透射的码本，从而来确定 RIS 表面的电磁调控参数，来实现最终的出射波束成形方案。

由于 NR 系统 TDD 制式默认采用多 SSB 波束，且 TDD 与 FDD 混合重叠规划，因此，终端处于多 SSB 波束场景。由于 RIS 的易部署、低成本的方案，在需要覆盖性能增强的环境中，RIS 智能超表面会被大规模部署，因此，RIS 需要整体规划，不能使用预设的入射与出射波束成形码本设计，需要适应 RIS 所在的无线网络环境。在智能超表面 RIS 部署过程中，并不能获取最强的 SSB 波束的方位，以及最强 SSB 波束达到 RIS 超表面的入射角。

现有的透射型 RIS 入射码本设计方法存在明显不足。目前的透射型 RIS 码本设计通常是针对单一的 RIS 超表面，且预设入射角与出射角，由此来确定 RIS 透射的码本，从而来确定 RIS 表面的电磁调控参数，来实现最终的出射波束成形方案。

3. 网络控制的 RIS 码本设计

（1）基于 NCR 的 RIS 信源选择

多 SSB 波束场景下，依托网络控制中继 NCR 技术，使用 RIS 超表面控制模块选择 RSRP 最强的 SSB 波束。

NCR 的基本架构如图 8-7 所示，主要由两个功能实体组成，其中控制模块是用于 NCR 和基站进行信息交互的功能实体，转发模块是用于 NCR 和用户终端以及 NCR 和基站之间进行信息转发的功能实体。整个系统包括三条通信链路，分别是接入链路（Access Link，A-link）、回程链路（Backhaul Link，B-link）与控制链路（Control Link，C-link）。NCR 通过 C-link 与基站进行控制信息的交互，需要解码 C-link 链路的信息，A-link 与 B-link 的数据对于 NCR 是透传的，不做任何解码。

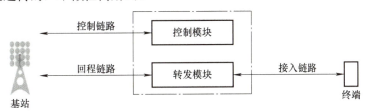

图 8-7　NCR 架构示意图

依托 NCR 架构，为智能超表面 RIS 设置控制模块，如图 8-8 所示，其中 RIS 控制模块使用基站提供的无线网络，配置与终端相同的射频模块；因此，RIS 控制模块可监听基站 SSB 波束，可选择 RSRP 值最强的 SSB 波束，适用于多 SSB 波束场景。

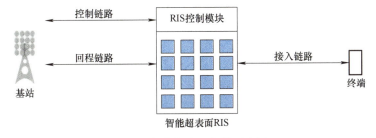

图 8-8　智能超表面架构示意图

使用 RIS 超表面控制模块选择 RSRP 最强的 SSB 波束；此时，RIS 超表面控制模块相当于一款终端，侦听最强 SSB 波束并选择驻留接入。

（2）RIS 轮巡调控参数

RIS 控制模块轮巡设置 RIS 电磁调控参数，在基站侧收集透射型 RIS 作为中继接入的终端反馈的 RSRP 电平值并选择终端反馈的 RSRP 最强的 RIS 调控参数。

多 SSB 波束场景中，且多 RIS 部署的情况下，RIS 超表面不能获知选定的 SSB 波束的入射角，RIS 控制模块不能使用预设的电磁调控参数，此刻，RIS 超表面控制模块只是通过侦听，选择了最强 SSB 波束。

RIS 控制模块轮巡设置 RIS 电磁调控参数。RIS 控制模块按照 RIS 固有码本，轮巡设置 RIS 电磁调控参数，如图 8-9 所示，在每一次码本设置期间，在基站侧收集 RIS 接入的末端终端反馈的 RSRP 电平值。

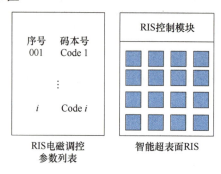

图 8-9　RIS 电磁调控参数列表

在基站侧收集透射型 RIS 作为中继接入的终端反馈的 RSRP 电平值并选择终端反馈的 RSRP 最强的 RIS 调控参数。

假设 Code i 对应的 RIS 作为中继接入的终端反馈的 RSRP 电平值最大，

$$\text{Code } i_{\text{RSRP}} = \text{Max}（\text{RSR}P_{\text{Code}}）\tag{8-1}$$

则根据 Code i 折算出 RIS 超表面固有码本对应的入射角与出射角。

（3）计算透射型 RIS 入射角

根据设定的 RIS 出射角，使用广义折射定律计算透射型 RIS 入射角，最终确定透射型 RIS 入射波束锥体设计方法以及波束成形码本，确定 RIS 电磁调控参数。

根据设定的 RIS 出射角，使用广义折射定律计算透射型 RIS 入射角。为了使 RIS 超表面透射后覆盖尽可能深的距离，假设 RIS 作为中继接入的终端位于 RIS 超表面法线方向，或与法线呈尽可能小的角度，设为 α_j，如图 8-10 所示。

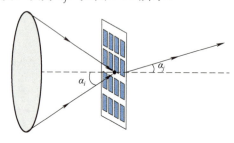

图 8-10　透射型 RIS 入射波束锥体设计方法

根据 Code i 对应码本的出射角与入射角，使用广义折射定律计算透射型 RIS 入射角 α_i。广义斯涅尔定律准确刻画了电磁超表面物理特性，如式（8-2）所示：

$$n_t \sin\theta_t - n_i \sin\theta_i \mathrm{d}x = \frac{\lambda_0 \mathrm{d}\varphi}{2\pi \mathrm{d}x} \qquad (8\text{-}2)$$

其中，n_i 和 n_t 分别是入射和出射界面折射率；θ_i 和 θ_t 分别是入射角和出射角。

参考计算得到的入射角 α_i，确定透射型 RIS 入射波束锥体设计方法以及波束成形码本，确定 RIS 电磁调控参数。

由于 RIS 部署在三维空间的多 SSB 波束场景中，入射角 α_i 可能来自水平面、垂直面的任意维度，鉴于透射型 RIS 超表面通常部署在玻璃幕墙上，与地面保持垂直，由此来确定入射角 α_i，也基本确定了 RIS 超表面控制模块监测的最强 SSB 波束的来波方向。

（4）形成 RIS 波束成形码本

RIS 超表面控制模块监测并记录不同时刻的最强 SSB 波束，形成 RIS 入射波束资源列表；根据终端反馈的记录为每一个入射波束配置相应的出射波束，形成对应的 RIS 波束成形码本。

由于多 SSB 波束场景中，SSB 波束会随着用户位置的变化而进行调整，即 SSB 波束寻优，RIS 超表面在不同的时刻、时段监测到的最强 RSRP 电平值的 SSB 波束可能会发生变化，因此，需要 RIS 超表面控制模块监测并记录不同时刻、时段的最强 SSB 波束，形成 RIS 入射波束资源列表。

根据终端反馈的记录为每一个入射波束配置相应的出射波束，形成对应的 RIS 波束成形码本。根据 RIS 超表面控制模块记录的波束成形码本，在多 SSB 波束场景，选择最强的 SSB 波束，并设置对应的 RIS 波束成形码本，保证接入终端的覆盖性能。

4. 小结

在 SSB 多波束场景，借助 NCR 网络控制，使用 RIS 控制模块测量 RSRP 最强的 SSB 波束，以及终端反馈的方式来确定透射型 RIS 的入射及出射波束成形码本，来提升 RIS 接入终端的覆盖性能。

RIS 控制模块接入基站无线网络，控制模块监测 SSB 波束，以及 RIS 接入终端的 RSRP 反馈的两级方式，可以快速地实现 RIS 控制模块设置电磁调控参数的收敛速度，适配多 SSB 波束以及多 RIS 部署的场景。

预设 RIS 出射角尽可能贴近 RIS 超表面法线，或 RIS 出射角尽可能小的情况下，根据 RIS 控制模块轮巡设置电磁调控参数，在基站侧收集 RIS 接入的末端终端反馈的 RSRP 值，可确定透射型 RIS 的入射与出射波束成形码本。

RIS 超表面控制模块记录波束成形码本，使得 RIS 电磁调控的波束成形可以跟随 SSB 波束的变化，实现 RIS 波束成形码本的动态变化，确保 SSB 波束调整后 RIS 接入终端的整体覆盖性能。

缩　略　语

5GC	5G Core	5G 核心网
5G-S-TMSI	5G S-Temporary Mobile Subscription Identifier	5G 临时移动用户标识（短格式用于寻呼）
5QI	5G QoS Identifier	5G 服务质量标识
AF	Application Function	应用功能
AMBR	Aggregate Maximum Bit Rate	最大聚合比特速率
AMF	Access and Mobility Management Function	访问与移动性管理
AR	Augmented Reality	增强现实技术
ARFCN	Absolute Radio Frequency Channel Number	绝对射频信道号
ARP	Allocation and Retention Priority	分配和保留优先级
AS	Access Stratum	接入层
AUSF	Authentication Server Function	鉴权服务功能
BCH	Broadcast Channel	广播信道
BFR	Beam Failure Recovery	波束失败恢复
BPSK	Binary Phase Shift Keying	二进制相移键控
BWP	Bandwidth Part	带宽片段
CA	Carrier Aggregation	载波聚合
CCE	Control Channel Element	控制信道单元
CDM	Code Division Multiplexing	码分复用
CE	Control Element	控制单元
CoMP	Coordinated Multiple Points	协同多点传输
CORESET	Control Resource Set	控制资源集合
CP	Cyclic Prefix	循环前缀
CQI	Channel Quality Indicator	信道质量指示
C-RAN	Cloud-Radio Access Network	基于云计算的无线接入网架构
CRB	Common Resource Block	公共资源块
CRC	Cylic Redundancy Check	循环冗余校验
CRI	CSI-RS Resource Indication CSI-RS	资源指示
C-RNTI	Cell-Radio Network Temporary Identifier	小区无线网络临时标识（UE 处于 RRC 连接态下用于调度的唯一标识）
CSI-RS	Channel State Information-Reference Signal	信道状态信息参考信号
CS-RNTI	Configured Scheduling RNTI	用于下行半持续调度或者上行配置授权传输的唯一用户设备标识
CSS	Common Search Space	公共搜索空间

（续）

CU	Central Unit	中央处理单元
DC	Direct Current	直流分量
DC	Dual Connectivity	双连接
DevOps	Development and Operations	研发与运维协作
DFT-s-OFDM	Discrete Fourier Trasnform-spread OFDM	离散傅里叶变换扩频的正交频分复用多址接入
DL-SCH	Downlink Shared Channel	下行共享信道
DM-RS	Demodulation Reference Signal	解调参考信号
DN	Data Network	数据网络
DRB	Dedicated Radio Bearer	专用无线承载
DRX	Discontinuous Reception	非连续接收
DSP	Digital Signal Processing	数字信号处理
DU	Distributed Unit	分布式处理单元
eIMTA	enhanced Interference Management and Traffic Adaptation	增强型干扰管理和业务适配
eMBB	enhanced Mobile Broadband	增强型移动宽带
EMM EPS（Evolved Packet System）	Mobility Management EPS	移动性管理
EN-DC	E-UTRA-NR Dual Connectivity	LTE 与 NR 双连接
EPC	Evolved Packet Core	演进分组域核心网络（4G 系统核心网络）
EPS FB	EPS Fall Back EPS	回落
FDD	Frequency Division Duplex	频分双工
FEC	Forward Error Correction	前向纠错
FFT	Fast Fourier Transform	快速傅里叶变换
FlexE	FlexEthernet	灵活以太网客户端接口标准
FR1	Frequency range 1	频率范围 1
FR2	Frequency range 2	频率范围 2
GBR	Guaranteed Bit Rate	保证比特率
GFBR	Guaranteed Flow Bit Rate	保障流速率比特
GP	Guard Period	保护间隔
GSCN	Global Synchronization Channel Number	全球同步信道号
GT	Guard Time	保护时间
HARQ	Hybrid Automatic Repeat reQuest	混合自动重传请求
IMS IP	Multimedia Subsystem IP	多媒体子系统
I-RNTI	Inactive RNTI	在 RRC 不活跃态下标识用户设备上下文
ISI	Inter Symbol Interference	符号间干扰

（续）

LDPC	Low-Density Parity-Check	低密度奇偶校验
LSB	Least Significant Bit	最低有效位
LTE	Long Term Evolution	长期演进系统
MAC	Medium Access Control	中间访问控制
MCG	Master Cell Group	主小区组
MCS	Modulation and Coding Scheme	调制和编码方案
MCS-C-RNTI	Modulation and Coding Scheme Cell RNTI	用于指示 PDSCH 和 PUSCH 的调制编码表的唯一用户设备标识
MEC	Mobile Edge Computing	移动边缘计算
MFBR	Maximum Flow Bit Rate	最大流速率比特
MIB	Master Information Block	主信息块
MIMO	Multiple-In Multiple-Out	多入多出
MIoT	Massive Internet of Things	大规模物联网（万物互联）
MN	Master Node	主节点
MO	Mobile Originated	主叫通话
MR	Measurement Reporting	测量报告
MR-DC	Multi-Radio Dual Connectivity	多无线电制式双连接
MSB	Most Significant Bit	最高有效位
MT	Mobile Terminated	被叫通话
NAS	Non Access Stratum	非接入层
NE-DC	NR-E-UTRA Dual Connectivity	NR 与 LTE 双连接
NEF	Network Exposure Function	网络曝光功能
NFV	Network Function Virtualization	网络功能虚拟化
NGEN-DC	NG-RAN E-UTRA-NR Dual Connectivity	下一代接入网 LTE 与 NR 双连接
NR	New Radio	新无线电（新空口）
NR-DC	NR-NR Dual Connectivity	NR 与 NR 双连接
NRF	Network Repository Function	网络仓库功能
NS	Network Slicing	网络切片
NSA	Non-StandAlone	非独立组网
NSSF	Network Slice Selection Function	网络切分功能
NWDAF	Network Data Analysis Function	网络数据分析功能实体
NZP	Non Zero Power	非零功率
OFDM	Orthogonal Frequency Division Multiplexing	正交频分复用
PAPR	Peak Average Power Ratio	峰值平均功率比
PBCH	Physical Broadcast Channel	物理广播信道
PCC	Policy Control function	策略管控功能

（续）

PCell	Primary Cell	主小区
PCH	Paging Channel	寻呼信道
PCI	Physical Cell Identifier	物理小区标识
PDCCH	Physical Downlink Control Channel	物理下行控制信道
PDCP	Packet Data Convergence Protocal	分组数据汇聚协议
PDN	Packet Domain Network	分组域网络
PDSCH	Physical Downlink Shared Channel	物理下行共享信道
PDU	Protocal Data Unit	协议数据单元
PMI	Precoding Matrix Indicator	预编码矩阵指示
PRACH	Physical Random Access Channel	物理随机接入信道
PRB	Physical Resource Block	物理资源块
P-RNTI	Paging RNTI	用于寻呼和系统消息改变通知的用户标识
PSCell	SpCell of a Secondary Cell Group	辅小区组的主小区
PSS	Primary Synchronization Signal	主同步信号
PTI	Precoding Type Indicator	预编码类型指示
PT-RS	Phrase Tracking Reference Signal	相位追踪参考信号
PUCCH	Physical Uplink Control Channel	物理上行控制信道
PUSCH	Physical Uplink Shared Channel	物理上行共享信道
QAM	Quadrature Amplitude Modulation	正交振幅调制
QCL	Quasi co-located	近似联合定位
QFI	QoS Flow ID QoS	流标识
QoS	Quality of Service	服务质量
QPSK	Quadrature Phase Shift Keying	正交相移键控
RAN	Radio Access Network	无线接入网络
RAR	Random Access Response	随机接入响应
RA-RNTI	Random Access RNTI	用于下行随机接入响应的标识
RB	Radio Bearer	无线承载
RB	Resource Block	资源块
RE	Resource Element	资源元素
REG	Resource Element Group	资源单位组
RI	Rank Indication	传输秩指示
RLC	Radio Link Control	无线链路控制
RMSI	Remaining Minimum System Information	最小保留系统消息
RNA	RAN-based Notification Area	接入网通知区域
RNTI	Radio Network Temporary Identifier	无线网络临时标识
ROA	Reflective QoS Attribute	反映 QoS 属性

（续）

RPI	Relative Power Indicator	相对功率指示
RRC	Radio Resource Control	无线资源控制
RS	Reference Signal	参考信号
RTD	Round Trip Delay	往返传输时延
SA	Standalone	独立组网
SBA	Service-Based Architecture	基于服务的架构
SCell	Secondary Cell	辅载波小区
SCG	Secondary Cell Group	辅小区组
SCS	Sub-Carrier Spacing	子载波间隔
SD	Slice Differentiator	切片微分
SDAP	Service Data Adaptation Protocal	服务数据适配协议
SDU	Service Data Unit	服务数据单元
SFI-RNTI	Slot Format Indication RNTI	时隙格式指示
SFN	System Frame Number	系统帧号
SIB	System Information Block	系统消息块
SI-RNTI	System Informtion RNTI	用于广播和系统消息的标识
SI-window	Scheduling Information Window	调度消息接收窗长
SLA	Service Level Agreement	服务等级协议
SMF	Session Management Function	会话管理功能
SN	Secondary Node	辅节点
S-NSSAI	Single Network Slice Selection Assistance Information	单一网络切片选择辅助信息
SpCell	Primary Cell of a Master or Secondary Cell Group	主/辅小区组的主小区
SR	Scheduling Request	调度请求
SRB	Signaling Radio Bearer	信令无线承载
SRS	Sounding Reference Signal	探测参考信号
SS	Synchronization Signal	同步信号
SSB	SS/PBCH Block	同步信号与物理广播信道资源块
SSS	Secondary Synchronization Signal	辅同步信号
SST	Slice/Service Type	切片/服务类型
SUCI	Subscription Concealed Identifier	用户隐私保护订阅标识
SUL	Supplementary Uplink	上行补充
SUPI	Subscription Permanent Identifier	用户永久订阅标识
TBS	Transport Block Size	传输块
TCI	Transmission Configuration Indicator	传输配置指示
TC-RNTI	Temporary C-RNTI	用于随机接入过程中临时标识

（续）

TDD	Time Division Duplex	时分双工
TPC-PUCCH-RNTI	Transmit Power Control PUCCH RNTI	用于 PUCCH 信道功率控制的唯一用户标识
TPC-SRS-RNTI	Transmit Power Control SRS RNTI	用于 SRS 参考信号功率控制的唯一用户标识
TRP	Transmission and Reception Point	跟踪参考信号传输和接收节点
TRS	Tracking Reference Signal	
UAC	Unified Access Control	统一访问控制
UDM	Unified Data Management	统一的数据管理
UDR	Unified Data Repository	用户订阅数据存储库
UDSF	Unstructured Data Storage Network Function	非结构化数据存储网络功能
UE	User Equipment	用户设备
UL-SCH	Uplink Shared Channel	上行共享信道
UPF	User Plane Function	用户面功能
URLLC	Ultra-Reliable and Low Latency Communications	超级可信低时延通信
USS	UE-specific Search Space	基于用户设备的搜索空间
VoLTE	Voice over LTE	以 LTE 网络提供语音的解决方案
VoNR	Voice over NR	语音建立在新空口
VRB	Virtual Resource Block	虚拟资源块
ZP	Zero Power	零功率

参 考 文 献

[1] 李江，罗宏，冯炜，等．5G 网络建设实践与模式创新 [M]．北京：人民邮电出版社，2021：256．

[2] 饶亮．深入浅出 5G 核心网技术 [M]．北京：电子工业出版社，2022：168．

[3] 蓝俊锋，涂进，牛冲丽，等．5G 网络技术与规划设计基础 [M]．北京：人民邮电出版社，2021：312．

[4] 吴成林，陶伟宜，张子扬，等．5G 核心网规划与应用 [M]．北京：人民邮电出版社，2020：434．

[5] 陈鹏，李南希，田树一，等．5G 移动通信网络 [M]．北京：机械工业出版社，2020：312．

[6] 杨峰义，谢伟良，张建敏．5G 无线接入网架构及关键技术 [M]．北京：人民邮电出版社，2018：332．

[7] JAYAKODY D N K，SRINIVASAN K，SHARMA V．5G Enabled Secure Wireless Networks[M]．Berlin：Springer，2019．

[8] 朱雪田，王旭亮，夏旭，等．5G 网络技术与业务应用 [M]．北京：电子工业出版社，2021：353．

[9] 黄云飞，闵锐，佘莎，等．5G 无线网大规模规划部署实践 [M]．北京：人民邮电出版社，2021：285．

[10] 张阳，郭宝，刘毅．5G 移动通信 - 无线网络优化技术与实践 [M]．北京：机械工业出版社，2021：347．

[11] 冯武锋，高杰，徐卸土，等．5G 应用技术与行业实践 [M]．北京：人民邮电出版社，2020：302．

[12] 岳胜，于佳，苏蕾，等．5G 无线网络规划与设计 [M]．北京：人民邮电出版社，2019：224．

[13] 张传福，赵立英，张宇，等．5G 移动通信系统及关键技术 [M]．北京：电子工业出版社，2018：399．

[14] 杨峰义，谢伟良，张建敏．5G 无线网络及关键技术 [M]．北京：人民邮电出版社，2017：391．

[15] 刘光毅，方敏，关皓，等．5G 移动通信系统 - 从演进到革命 [M]．北京：人民邮电出版社，2016：287．

[16] IOANNOU I，NAGARADJANE P，VASSILIOU V，et al．Distributed artificial intelligence for 5G/6G communications：frameworks with machine learning[M]．Boca Raton CRC Press，2024．

[17] KHAN A，DHAR P S，SHANMUGASUNDARAM R，et al．5G Networks：an overview of architecture，design，use cases and deployment[M]．River Publishers，2024．

[18] ROY R R．Networked artificial intelligence：AI-enabled 5G Networking[M]．Boca Raton CRC Press，2024．

[19] BHOWMICK A，CHOUKIKER K Y，SINGH I，et al．5G and beyond wireless communications：fundamentals，applications，and challenges[M]．Boca Raton：CRC Press，2024．

[20] ALESSANDRO C V，NICOLAS C，GINO M，et al．5G Non-terrestrial networks：technologies，standards，and system design[M]．Hoboken：John Wiley & Sons，2024．

[21] PABLOS P O D，ZHANG X．Artificial intelligence，Big data，blockchain and 5G for the digital transformation of the healthcare industry[M]．New York：Academic Press，2023．

[22] SINGH I，TAYAL S，SINGH P N，et al．5G and beyond wireless networks：technology，network deployments and materials for antenna Design[M]．Boca Raton：CRC Press，2023．

[23] SINGH S，WU Y，GNS R M，et al．AI in wireless for beyond 5G networks[M]．Boca Raton：CRC Press，2023．